"十四五"职业教育国家规划教材

数据恢复技术与应用

何 琳 主 编

张志鹿 刘 佳 副主编

电子工業出版社·

Publishing House of Electronics Industry

北京·BEIJING

内 容 简 介

本书以培养高水平的数据恢复工程师为目标导向，从理论到实践，从软件到硬件，从逻辑到物理，深入浅出地介绍数据恢复技术的基础知识，着重培养数据恢复的理论与实践相结合的技能，全面阐述数据丢失或损坏的现象及原因、解决问题的思路方案及步骤，结合大量经典案例进行详细而全面的分析，在读者自学过程中起到至关重要的引导性作用，读者可以学以致用、快速入门。

图书在版编目（CIP）数据

数据恢复技术与应用 / 何琳主编. —北京：电子工业出版社，2017.10
职业教育新课程改革教材

ISBN 978-7-121-27142-7

Ⅰ. ①数… Ⅱ. ①何… Ⅲ. ①电子计算机—数据管理—安全技术—中等专业学校—教材 Ⅳ. ①TP309.3

中国版本图书馆 CIP 数据核字（2015）第 216007 号

策划编辑：关雅莉
责任编辑：柴　灿
印　　刷：涿州市京南印刷厂
装　　订：涿州市京南印刷厂
出版发行：电子工业出版社
　　　　　北京市海淀区万寿路 173 信箱　邮编　100036
开　　本：787×1 092　1/16　印张：11　字数：281.6 千字
版　　次：2017 年 10 月第 1 版
印　　次：2024 年 12 月第 12 次印刷
定　　价：28.00 元

前言

随着信息技术的高速发展，电子产品日益普及到生活的方方面面，企业政府院校等信息化建设也在深入开展，计算机存储数据量急剧膨胀，全球已经进入大数据时代。与此同时，数据安全问题日益突出，由于存储介质存在固有的故障率，人为操作失误、意外事故等因素造成存储介质数据丢失越来越普遍，作为数据安全的最后一道防线，数据恢复技术近几年已经受到各行各业的高度重视，由此而衍生的数据恢复行业也正在逐步发展并走向成熟，社会对于数据恢复技术人才的需求也不断增长，该行业的人才正成为信息技术领域中的一支重要有生力量。

遵照党的二十大关于"统筹职业教育、高等教育、继续教育协同创新，推进职普融通、产教融合、科教融汇，优化职业教育类型定位"的要求，为推动中职教育，满足数据恢复行业的发展需求，北京市求实职业学校联合北京众诚天合系统集成科技有限公司共同建设求实数据恢复中心，共同开发与编写适用于中职院校学生学习的数据恢复教材。本书以培养高水平的数据恢复工程师为目标导向，从理论到实践，从软件到硬件，从逻辑到物理，深入浅出地介绍了数据恢复技术的基础知识，着重培养数据恢复的理论与实践相结合的技能，全面阐述了数据丢失或损坏的现象及原因、解决问题的思路方案及步骤，结合大量经典案例进行详细而全面的分析介绍，在读者自学过程中起到至关重要的引导性作用，读者可以学以致用、快速入门。阅读学习本书之后，读者不但可以学到初级的数据恢复技术，而且可以为深入研究高级数据恢复技术打下基础。

本书由何琳担任主编，张志鹿、刘佳担任副主编，王洋、杨毅、常俊超、赵帅参与编写。其中，第一单元由何琳编写，第二单元由刘佳、常俊超、王洋编写，第三单元由张志鹿、常俊超、王洋编写，第四单元由何琳、赵帅编写。本书是北京市求实职业学校出品的技术丛书之一。

由于编者水平所限，加之时间仓促，书中疏漏之处在所难免，恳请广大读者批评指正。

编者

硬盘及闪存类故障检测

单元 1

☆ **单元概要**

　　硬盘检测是数据恢复过程中的首要步骤，也是最为重要的一个环节。作为数据恢复工程师接到客户报修的故障存储，首要任务就是对硬盘（闪存）进行初检，判断其故障类型，以便后续制定针对性的解决方案。硬盘（闪存）检测环节一旦出现错误，就有可能导致后续所有工作按照错误的方向展开，其后果不堪设想。

任务 1 故障硬盘的检测

配套资源

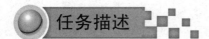 任务描述

客户报修一故障硬盘，据客户描述，由于自己所用的台式机硬盘容量过小因而想更换一块大容量硬盘。但是在拆卸的过程中不慎将硬盘滑落在地，尝试对电脑进行开机，发现无法正常进入操作系统，故判断可能是硬盘故障导致。客户回忆并未再做其他操作。客户想恢复其中数据，现将硬盘委托于你，需要先对硬盘进行初步检测，判断硬盘的基本状况。

任务分析

对于此类故障，在对硬盘进行检测之时需要注意切勿对硬盘造成二次破坏。此时，需要借助专业工具，如 PC3000 等，对硬盘进行底层扇区扫描，判断是否存在坏道，以及测试坏道量。不同的情况需要制定不同的方案。

 知识准备

家用硬盘（ATA）常见硬盘接口有 IDE、SATA 接口，如图 1-1 所示。

（a）并口（IDE 接口）已淘汰

（b）串口（SATA 接口）主流接口

图 1-1　常见硬盘接口

服务器硬盘接口有 SCSI、SAS、SATA、FC，如图 1-2 所示。

（a）服务器 SCSI 接口（已淘汰）　　　　　　　　　（b）服务器 SAS 接口（主流接口）

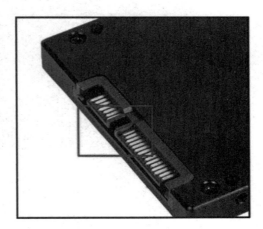

（c）SAS 接口　　　　　　　　　　　　　　　　（d）SATA 接口

（e）FC 光纤接口

图 1-2　服务器硬盘接口

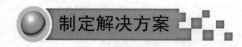

制定解决方案

作为数据恢复工程师，在接收到这样的项目后，首先应当理清工作思路，详细地了解用户使用时的情况并认真分析，然后使用 PC3000 的端口进行硬盘底层测试，图形化地展现出硬盘的损坏程度，从而更为准确地判断其故障损坏程度，如图 1-3 所示。

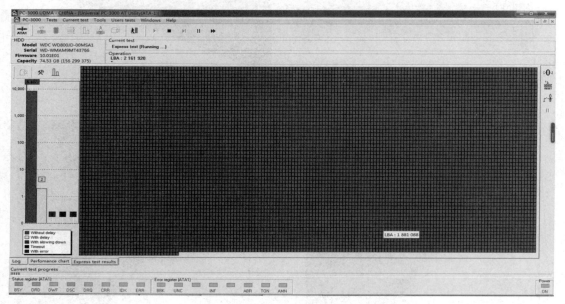

图 1-3　扇区检测

（1）此类故障拿到硬盘后先对硬盘进行短暂加电操作，判断硬盘磁头是否损坏。

（2）在磁头完好的情况下，对硬盘进行底层扇区逻辑扫描，判断硬盘是否存在坏道以及测试坏道量。

 知识链接

PC3000 系列数据恢复工具

PC3000 是由俄罗斯著名硬盘实验室——ACE Laboratory 研究开发的专业修复硬盘工具。它可以直接访问硬盘固件信息，进行硬盘固件修复。其可进行的操作有：伺服扫描、物理扫描、IBA 地址扫描、屏蔽物理坏道（p-list）、屏蔽磁头、屏蔽磁道 、屏蔽坏扇区、更改硬盘容量大小、查看或者修改磁头的信息。

使用 PC3000 可以进行本地硬盘的底层扇区测试，图形化地展现出硬盘的损坏程度。其中，在硬盘品牌方面，系统支持希捷、西部数据、东芝、富士通、三星、迈拓、昆腾、日立等不同品牌的硬盘直接访问。在硬盘底层扇区检测结束后，可以清楚地展现出硬盘的损坏程度，如坏道数量、即将损坏的扇区、检测时间、使用寿命等，通过这些检测结果得到的数据，作为初学者可以更加准确地了解硬盘的损坏程度。

同时，PC3000 可支持当前主流硬盘，如表 1-1 所示。

表 1-1　当前主流硬盘

英 文 名 称	硬 盘 品 牌
Western Digital	西部数据
Maxtor	迈拓
Fujitsu	富士通
Toshiba	东芝
Seagate	希捷
Hitachi/IBM/HGST	日立
Quantum/Quantum-Maxtor	昆腾

 任务实施

客户报修的故障硬盘为日立 80GB 接口类型为 SATA 接口的 3.5 英寸硬盘。对硬盘进行了加电操作，确定硬盘磁头不存在损坏问题，接下来需要对硬盘进行坏道检测。

方法 1　使用 PC3000 对硬盘底层扇区做逻辑扫描测试

第一步：在检测任务开始前，需要把硬盘连接在 PC3000 SATA 接口上，进行上电操作，从而使硬盘复位，进行硬盘底层扇区测试，如图 1-4 所示。

图 1-4　通用模式

第二步：进入 PC3000 通用模式后，单击"快速检测硬盘"按钮，如图 1-5 所示。

图 1-5　快速检测硬盘

第三步：进入硬盘检测界面，输入检测硬盘的起始位置（默认为 0）和结束位置（默认为本身硬盘的容量大小），如图 1-6 所示。

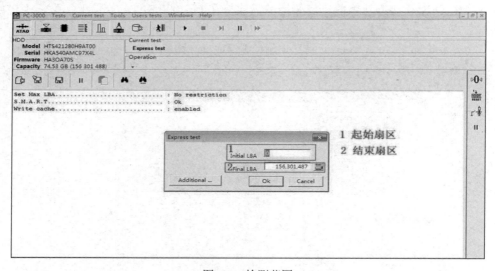

图 1-6　检测范围

经验分享

在硬盘检测时，如果无法正常进行检测，可以跳过当前损坏严重的区域，从而使硬盘继续完成检测。

第四步：硬盘检测结果，如果 1-7 所示，图形化地展现出硬盘的损坏程度。

（1）绿色块表示读取时间小于 5ms。

（2）黄色块表示读取时间为 5～20ms。

（3）粉色块表示读取时间为 20～10000ms。

（4）棕色块表示读取时间超过 10000ms。

（5）最严重的是红色块，表示该位置无法读取。

无法读取的扇区数量在检测图表右上角的"Errors"中给出。同时，在左侧也以示意图的形式给出了每种色块状态扇区的数量。

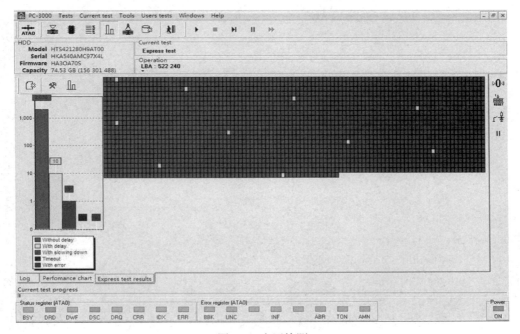

图 1-7 扇区检测

知识链接

可以对 PC3000 扫描视图进行设置，但一般保持默认即可。

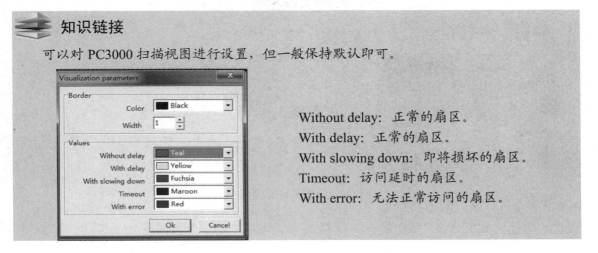

Without delay: 正常的扇区。

With delay: 正常的扇区。

With slowing down: 即将损坏的扇区。

Timeout: 访问延时的扇区。

With error: 无法正常访问的扇区。

　　硬盘状态寄存器与错误状态寄存器可判断当前硬盘的基本状况和错误类型，可供数据恢复工程师精确地判断出硬盘当前存在的问题。

　　硬盘状态寄存器（Status Register）的图示如下。

Status register [ATA1]
BSY　DRD　DWF　DSC　DRQ　CRR　IDX　ERR

BSY：正在运行指令或者完成硬盘初始化进行中（硬盘加电或者重启）。

DRD（Drive Ready）：硬盘就绪，可以正常访问硬盘。

DWF（Write Fault）：写故障，无法正常写入数据。

DSC（Drive Seek Complete）：硬盘寻道完成。

DRQ（Data Request）：与主机准备交换数据。

CRR：无法读取硬盘底层数据。

IDX：没有找到硬盘的 ID。

ERR：最后一条指令没有执行，无法读取错误。

　　硬盘错误寄存器（Error Register）的图示如下。

Error register [ATA1]
BBK　UNC　　INF　　ABR　TON　AMN

BBK（Bad Block）：损坏的扇区。

UNC（Uncorrectable Read Error）：无法纠正的读错误。

INF（ID Not Found）：扇区 ID 没有找到。

ABR（Command Aborted）：指令被终止。

T0N（Track 0 Not Found）：磁道 0 没有找到。

AMN（Address Mark Not found）：地址标志没有找到。

方法 2　使用 HDD Scan 硬盘检测软件对硬盘进行坏道检测

第一步：将硬盘连接到计算机，启动程序，打开 HDD Scan 硬盘检测软件，如图 1-8 所示。

图 1-8　HDD Scan 启动界面

知识链接

　　HDD Scan 是一个运行于 Windows 2000/XP 操作系统上的程序，不但可以对 ATA/SATA/SCSI 等接口的硬盘进行诊断，还支持 RAID 阵列、USB/Firewire（1394）接口的硬盘、Flash 卡等存储设备。它执行的是标准的 ATA/SATA/SCSI 指令，因此，不论是何种型号的硬盘都可以使用。它的功能有：扫描磁盘表面，清零，查看 SMART 属性，运行 SMART Selftest 测试，调整硬盘的 AAM（噪声管理）、APM（电源管理）等参数。计算机失去响应，经过检测发现是由硬盘故障引起的，这时就需要一种工具来更精确地诊断硬盘发生了何种故障。大多数情况下硬盘的故障不是物理性的或是非致命的，使用简单的方法就可以修复。另外，硬盘修复和数据恢复工程师也需要一种工具来对故障硬盘进行初步的诊断和修复——HDD Scan 就提供了所需要的功能。

温馨提示

　　使用 HDD Scan 可能对硬盘或硬盘上的数据造成永久的损坏。

　　第二步：选择待检测的磁盘，对磁盘进行逻辑测试，如图 1-9 所示。

　　左上角的"Source Disk"选项组中可以选择欲进行诊断和修复的硬盘，对话框中还显示了检测到的硬盘信息：Model（型号）、Firmware（固件版本）、Serial（序列号）和 LBA（地址容量），如图 1-9 所示。

　　第三步：查看硬盘"健康状况"，如图 1-10 所示。

　　单击"S.M.A.R.T."按钮，可以查看 S.M.A.R.T.属性值。其中，S.M.A.R.T 为 Self-Monitoring, Analysis and Reporting Technology，即硬盘自动监测、分析和报告技术。

S.M.A.R.T.

Attribute	Description	Value	Worst	RAW (hex)	Threshold
001	Raw Read Error Rate	200	200	000000000000	051
003	Spin Up Time	206	201	0000000002AB	021
004	Start/Stop Count	100	100	0000000001E0	000
005	Reallocation Sector Count	200	200	000000000000	140
007	Seek Error Rate	200	200	000000000000	000
009	PowerOn Hours Count	097	097	00000000A31	000
010	Spin Retry Count	100	100	000000000000	000
011	Recalibration Retries	100	100	000000000000	000
012	Device Power Cycle Count	100	100	0000000001DE	000
192	Power-off retract count	200	200	00000000003A	000
193	Load/unload cycle count	197	197	000000002337	000
194	HDA Temperature	112	095	35癟	000
196	Reallocation Event Count	200	200	000000000000	000
197	Current Pending Sector Count	200	200	000000000000	000
198	Uncorrectable Sector Count	100	253	000000000000	000
199	UltraDMA CRC Error Count	200	200	000000000000	000
200	Write Error Rate	100	253	000000000000	000

Sourse Disk

Drive 1　Maxtor 6E040L0

WDC WD800BB-60JKA0
Maxtor 6E040L0

Model：Maxtor

Firmware：NAR61590

Serial：E10SCG9E

LBA：80293248

S.M.A.R.T.

图 1-9　磁盘选择　　　　　　　　　　图 1-10　硬盘健康状况

知识链接

SMART 的属性分为 Critical Attributes 和 Informative Attributes 两类，即关键属性和信息属性。其中，关键属性包括了有关硬盘健康的最重要的数据，而信息属性所提供的数据一般只是辅助性的。区分它们的方法是看 Threshold（阈值/极限值），值为非零代表关键属性，为零代表信息属性。Threshold：如果某个属性超过 Threshold 规定的极限值，就表示硬盘出现了问题。

第四步：设置参数，如图 1-11 所示。Process 对话框详解如表 1-2 所示。

表 1-2　硬盘检测参数

序　号	参　数	说　明
1	Start LBA	磁盘检测的起始地址
2	End LBA	磁盘检测的结束地址
3	Block size	块大小，默认为 256（Sectors，扇区）。减小此值，可以更精确地进行扫描，但是扫描时长会增加
4	Process time	硬盘检测耗费的时间
5	Start	开始进行扫描或填零
6	Stop	终止扫描或填零
7	Command 框可选择 3 个参数	Verify：通过读和写的方法对磁盘表面进行测试
		Read：对磁盘表面进行读测试，速度要快于 Verify
		Erase：对磁盘表面填零（Zero fill），可以修复磁盘表面的逻辑坏区
8	Current LBA	当前正在扫描或填零的地址
9	kByte/s	当前的读/写速率

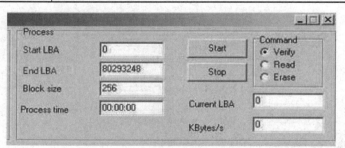

图 1-11　对话框参数

第五步：检测硬盘扇区状况，如图 1-12 所示。单击"Start"按钮开始测试。

程序界面的下方为诊断的结果（Map）：以图形的形式显示逻辑扫描的结果，以不同的色块表示磁盘表面的状况，其中蓝色表示坏块（注意，这里的单位是 Block size）。右方显示了扫描过程中的统计结果，如图 1-13 所示。

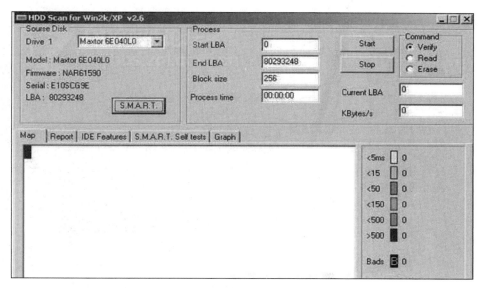

图 1-12 HDD Scan 的扫描主界面

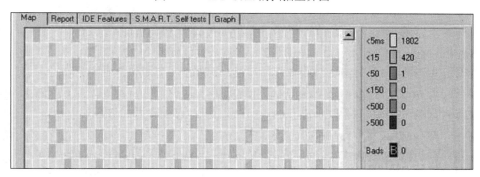

图 1-13 逻辑扫描

第六步：生成测试报告。

报告将显示硬盘存在的基本状况，通过检测报告可以很容易地判断硬盘的故障。

Report：操作的报告，每一个操作都会在此窗口中显示返回的信息，如图 1-14 所示。

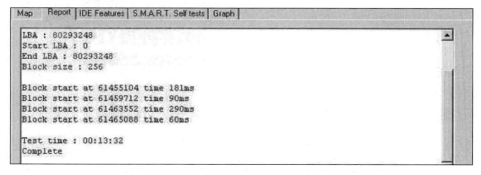

图 1-14 操作报告

HDD Scan 其他设置

IDE Features：更改硬盘的设置，包括噪声控制、电源管理、高级电源管理、电动机控制等，如图 1-15 所示。

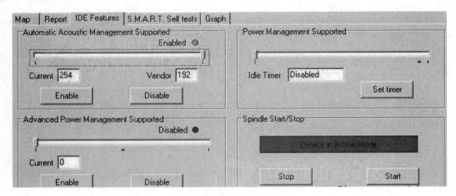

图 1-15　设置管理界面

Automatic Acoustic Management Supported：噪声控制，可以设置为启用或禁用。在启用状态下，可以设置噪声的大小，噪声越小，硬盘的性能就会越低。

Power Management Supported：电源管理，可以设置为启用或禁用。可以设置硬盘在空闲时关闭电动机和磁头。Idle Timer 为计时器，可以设置进入空闲状态的时间。

Advanced Power Management Supported：高级电源管理，可以设置为启用或禁用。可以设置电源管理的等级，增加等级会增大消耗的功率，也会增强硬盘的性能。

Spindle Start/Stop：主轴电动机起转或停转。

S.M.A.R.T.Self tests：运行 S.M.A.R.T.测试，由 S.M.A.R.T.的 Self test 程序实现，可以对硬盘的健康状况进行测试，如图 1-16 所示。

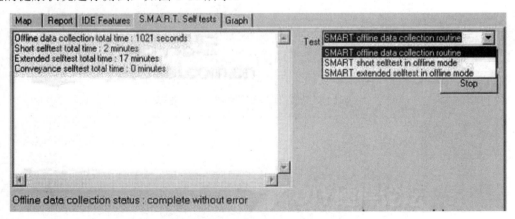

图 1-16　S.M.A.R.T.测试

Graph：以图表的形式显示逻辑扫描的结果，横坐标为 LBA 地址，纵坐标为速率，如图 1-17 所示。

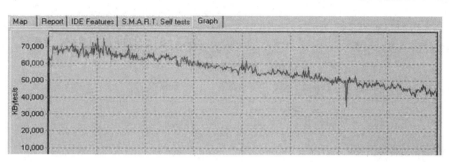

图 1-17　逻辑扫描结果

 知识链接

Value: 当前值。

Worst: 最坏值，这个名称容易产生歧义，其实就是某个属性出现过的峰值。

Data: 数据，和某个属性有关联的数据总值，这个数值没有什么实际用途。

Status: 状态，其中，OK: Value is normal/OK: Always passing 代表正常；Warning、Pre-Failure 表示可能会发生故障；Bad、Failed 表示已经出现故障了。

 知识链接

SMART 属性的含义说明

01 Raw Read Error Rate: 读取出错率。

03 Spin Up Time: 硬盘电动机达到规定转速所花费的时间。

04 Start/Stop Count: 硬盘电动机启动/停止的次数。

05 Reallocated Sector Count: 再分配扇区的总数。

07 Seek Error Rate: 寻道出错率。

09 Power-on Time Count: 硬盘通电时间总和。

0A Spin Retry Count: 硬盘电动机达到规定转速所用的次数。

0C Power Cycle Count: 硬盘加电次数总和。

C2 Temperature: 温度。

C3 Hardware ECC Recovered: 硬件错误检查和纠正的恢复次数。ECC 全称是 Error Checking and Correcting。

C5 Current Pending Sector Count: 当前待映射扇区的总数。

C6 Off-Line Uncorrectable Sector Count: 离线不可修复的扇区总数。

C7 Ultra ATA CRC Error Rate Ultra ATA: 硬盘的循环冗余校验出错率。CRC 全称 Cyclical Redundancy Checksum。

C8 Write Error Rate: 写出错率。

CA <vendor-specific>: 厂商自定义的属性。

平时常用的属性有一项——Reallocated Sector Count，即再分配扇区的总数。在出厂时，硬盘中会留有备用扇区，一旦出现坏扇区，硬盘会使用备用扇区进行替换，不需用户进行管理。Value 值表示当前备用扇区的总数，会随着坏扇区的替换逐渐减少。当值低于 Threshold 时，表示硬盘的坏扇区数目已经很多；降到 0 时，表示无法对坏扇区进行替换，硬盘数据随时会出现丢失的可能。

任务验收

评 价 内 容	评 价 标 准
硬盘检测结果	使用专业硬盘工具 PC3000 对硬盘底层扇区进行检测并将检测结果告知客户
在规定时间内完成硬盘检测任务	在规定时间内，为硬盘进行底层扇区的检测，并写出检测报告、坏道数量、即将损坏的扇区、检测时间、使用寿命等
正确使用 PC3000 工具	在实施硬盘底层扇区检测任务过程中，规范地使用 PC3000 工具对底层扇区进行检测。未对客户的故障硬盘造成破坏
客户是否满意	硬盘底层扇区检测完成后，图形化地汇总出硬盘的损坏程度，客户表示非常满意

知识拓展

用鲁大师测硬盘参数

鲁大师（原名：Z 武器）是新一代的系统工具。它能轻松辨别电脑硬件真伪，保护电脑稳定运行，清查电脑病毒隐患，优化清理系统，提升电脑运行速度。

鲁大师最优秀的功能莫过于硬件性能检测，如图 1-18～图 1-21 所示。

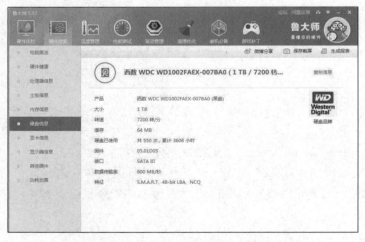

图 1-18　硬盘性能参数检测

图 1-19　电脑 CPU 参数检测

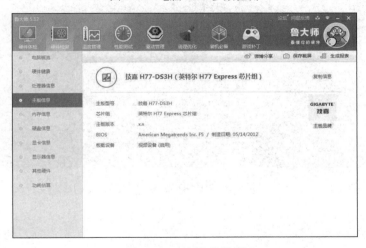

图 1-20　主板参数检测

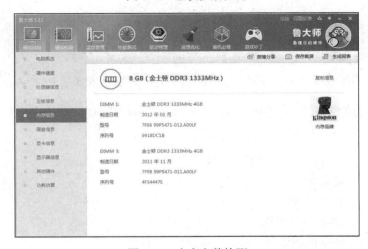

图 1-21　内存参数检测

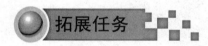

拓展任务

使用 MHDD 硬盘检测软件检测故障硬盘。

 知识链接

MHDD 硬盘检测软件是俄罗斯 Maysoft 公司出品的专业硬盘检测工具软件，具有很多其他硬盘工具软件无法比拟的强大功能，它分为免费版和收费的完整版。MHDD 检测硬盘使用的技术都采用了 ATA 协议指令，如图 1-22 所示。

图 1-22　MHDD 硬盘检测软件

 温馨提示

MHDD 的特点

（1）不要在要检测的硬盘中运行 MHDD。

（2）MHDD 无论以 CHS 还是以 LBA 模式运行，都可以访问到超大容量硬盘。

（3）MHDD 最好在纯 DOS 环境下运行。

（4）MHDD 不依赖于主板 BIOS 而直接访问 IDE 端口或者 SATA 端口。

MHDD 在运行时需要记录数据，因此不能在被写保护的存储设备中运行（如写保护的软盘、光盘等），如图 1-23 所示。

（1）寄存器状况（指示灯），如图 1-24 所示。

- BUSY：存储器忙。
- DRDY：存储器找到。
- WRFT：存储器写入错误。
- DRSC：存储器初检通过。

- DREQ：存储器接受信息交换。
- ERR：错误。

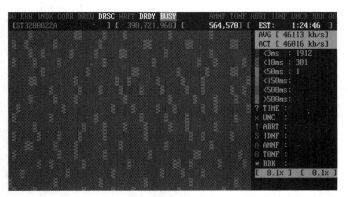

图 1-23　扇区测试

图 1-24　寄存器状况

右半部（当左半部的"ERR"亮时），如图 1-25 所示。

图 1-25　右半部寄存器状态

- AMNF：地址标记出错。
- TONF：找不到 0 磁道。
- ABRT ABORT：拒绝命令。
- IDNF：扇区标志出错。
- UNCR：校验错误，又称 ECC 错误。
- BBK：坏块标记出错。

（2）DRSC（DSC）和 DRDY 两个灯同时亮时就是所谓的复位，如图 1-26 所示。

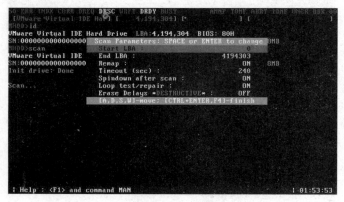

图 1-26　复位状态

 知识链接

MHDD 命令详解

EXIT（快捷键为 Alt+X）：退出到 DOS。

ID：硬盘检测，包括硬盘容量、磁头数、扇区数、SN 序列号、Firmware 固件版本号、LBA 数值、支持的 DMA 级别、是否支持 HPA、是否支持 AAM、SMART 开关状态、安全模式级别及开关状态等。

INIT：硬盘初始化，包括 Device Reset（硬盘重置）、Setting Drive Parameters（设定硬盘参数）、Recalibrate（重校准）。

I（快捷键为 F2）：同时执行 ID 命令和 INIT 命令。

ERASE：快速删除功能，每个删除单位等于 255 个扇区（数据恢复无效）。

AERASE：高级删除功能，可以将指定扇区段内的数据逐扇区地彻底删除（比 ERASE 慢，数据恢复同样无效），每个删除单位等于 1 个扇区。

HPA：硬盘容量剪切功能，可以减少硬盘的容量，使 BIOS 检测容量减少，但 DM 之类的独立于 BIOS 检测硬盘容量的软件仍会显示出硬盘原始容量。

NHPA：将硬盘容量恢复为真实容量。

RHPA：忽略容量剪切，显示硬盘的真实容量。

CLS：清屏。

PWD：给硬盘加 USER 密码，最多 32 位，不输入表示取消。被锁的硬盘完全无法读写，低格式化、分区等一切读写操作都无效。如果加密码成功，按 F2 键后可以看到 Security 一项后面有红色的 pwd。要注意，设置完密码后必须关闭电源后再开机才会使密码起作用。

　　UNLOCK：对硬盘解锁，先选择 0（USER），再正确输入用户密码。选择 1（Master）时，需要使用硬盘固件中自带的通用密码对硬盘解密。

　　DISPWD：解除密码，先选择 0（USER），再正确输入密码。在使用 DISPWD 命令之前必须先用 UNLOCK 命令解锁。

　　RPM：硬盘转速度量，每次测量数值都接近硬盘本身的转速，单位为转/分钟。

　　TOF：为指定的扇区段建立映像文件（最大 2GB）。

　　FF：从映像文件（最大 2GB）恢复为扇区段。

　　AAM：自动噪声管理，可以用 AAM 命令"所听即所得"式地调节硬盘的噪声。按 F2 键后如果有 AAM 字样，就表示硬盘支持噪声调节。键入 AAM 命令后，会显示出当前硬盘的噪声级别，并且可以马上听到硬盘的读写噪声，要注意硬盘的噪声和性能是成正比的，噪声越大，性能越高，反之亦然。进入 AAM 命令后，按 0 键可以关闭 AAM 功能，按 M 键可以将噪声调至最小（性能最低），按 P 键可以将噪声调至最大（性能最高），按加号键和减号键可以自由调整硬盘的噪声值（数值范围从 0 到 126），按 L 键可以获得噪声和性能的中间值（对某些硬盘如果按加号键和减号键无效，而又不想让噪声级别为最大或最小，则可以按 L 键取噪声中间值），按 D 键表示关闭 AAM 功能，按 ENTER 键表示调整结束。

　　FDISK：快速地将硬盘用 FAT32 格式分为一个区（其实只是写入了一个主引导记录），并设为激活，但要使用时需用 FORMAT 完全格式化。

　　SMART：显示 SMART 参数，并可以对 SMART 进行各项相关操作。SMART ON 可以开启 SMART 功能，SMART OFF 可以关闭 SMART 功能，SMART TEST 可以对 SMART 进行检测。

　　PORT（快捷键为 Shift+F3）：显示各 IDE 端口或者 SATA 端口的硬盘，按相应的数字即可选择相应口的硬盘，之后该端口会被记录在/CFG 目录下的 MHDD.CFG 文件中，1 表示 IDE1 口主，2 表示 IDE1 口从，3 表示 IDE2 口主，4 表示 IDE2 口从，下次进入 MHDD 后此口就是默认口，编辑 MHDD.CFG 文件改变该值就可以改变 MHDD 默认的检测端口。所以，如果进入 MHDD 后按 F2 键提示 Disk Not Ready，就说明当前硬盘没有接在上次 MHDD 默认的端口上，此时可以使用 PORT 命令重新选择硬盘（或更改 MHDD.CFG 文件），如图 1-27 所示。

图 1-27　命令详解

经验分享

使用 MHDD 对加密硬盘进行解密（通用密码）

西部数据硬盘（Western Digital）通用密码：

```
WDCWDCWDCWDCWDCWDCWDCWDCWDCWD（10个WDC+WD）
或者WDCWDCWDCWDCWDCWDCWDCWDCWDCW（10个WDC+W）
```

希捷硬盘（Seagate）通用密码：

```
Seagate + 25 spaces或SeaGate+25个.
```

富士通硬盘（Fujitsu）：

```
32 spaces
```

三星硬盘（Samsung）：

```
Tttttttttttttttttttttttttttttttt（32 times t）
```

迈拓硬盘（Maxtor）：

```
series N40P -> Maxtor INIT SECURITY TEST STEP  + 1 or + 2 spaces
series N40P -> Maxtor INIT SECURITY TEST STEP series 541DX -> Maxtor + 24
spaces
series Athena（D541X model 2B）and diamondmax80 -> Maxtor
```

IBM 硬盘：

```
series DTTA -> "CED79IJUFNATIT" + 18 spaces
series DJNA -> "VON89IJUFSUNAJ" + 18 spaces
series DPTA -> "VON89IJUFSUNAJ" + 18 spaces
series DTLA -> "RAM00IJUFOTSELET" + 16 spaces
series DADA 4gb-> BEF89IJUF AIDACA+ 15 spaces
```

日立硬盘（Hitachi）：

```
HITACHI series DK23AA, DK23BA and DK23CA -> 32 spaces
```

东芝硬盘（Toshiba）：

```
TOSHIBA -> 32 spaces
```

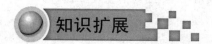 知识扩展

机械硬盘的发展历史

1956 年，IBM 发明了第一块硬盘——RAMAC 350，RAMAC 代表 Random Access Method of A counting and Control，即随机读取，这是硬盘最大的优点，在此之前的打孔机、磁带都是顺序读取的，读写速度非常慢。另外，这个硬盘比冰箱还大，容量却只有 5MB，如图 1-28 所示。

1962 年，IBM 推出 1301 硬盘，它首次采用空气轴承，消除了摩擦，这个硬盘容量是 28MB，如图 1-29 所示。

图 1-28　RAMAC 350

图 1-29　IBM 1301

当时硬盘都由人工组装完成，如图 1-30 所示。

随着硬盘盘片的发展，当前最为常见的为 3.5 英寸硬盘和 2.5 英寸硬盘，如图 1-31 所示。

图 1-30　工人组装硬盘

图 1-31　硬盘盘片尺寸大小的变化

1973 年，IBM 推出了 Winchester 硬盘，首次采用 Winchester 密封结构，这是现代硬盘的原型，民间称其为温盘，即温彻斯特盘，如图 1-32 所示。

图 1-32　温彻斯特盘

20 世纪 80 年代末，IBM 公司推出了磁阻（Magneto Resistive，MR）技术，令磁头灵敏度大大提升了，使盘片的储存密度较之前的 20Mbpsi（bit/每平方英寸）提高了数十倍，该技术为硬盘容量的巨大提升奠定了基础。1991 年，IBM 应用该技术推出了首款 3.5 英寸的 1GB 硬盘。

当今主流硬盘生产厂家为希捷与西数，如图 1-33 所示。

图 1-33　希捷、西数硬盘

知识链接

硬盘参数

转速：表示该硬盘中主轴转速。目前，台式机硬盘转速一般为 7200 转/分钟，而主流笔记本式计算机的转速为 5400 转/分钟或 7200 转/分钟，服务器 SAS 接口硬盘一般为 10000 转/分钟或 15000 转/分钟。

单碟容量：硬盘相当重要的参数之一。硬盘是由多个存储碟片组合而成的，而单碟容量是指一个存储碟所能存储的最大数据量。当前最大单碟容量为 1.8TB。

平均寻道时间：指硬盘在盘面上移动读写磁头到指定磁道寻找相应目标数据所用的时间，单位为毫秒。当单碟容量增大时，磁头的寻道动作和移动距离减少，从而使平均寻道时间减少，加快硬盘访问速度。

缓存（Cache）：硬盘与外部交换数据的临时场所。硬盘读/写数据时，缓存就像一个中转仓库一样，不断地写入数据、清空再写入数据。目前，大多数硬盘缓存为 32MB，而对于大容量产品，其缓存均为 64MB。

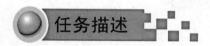 任务 2　Flash 类存储故障的检测

任务描述

配套资源

某公司员工由于热插拔 U 盘而造成了重要工作文件的大量丢失，数据丢失之后，客户并

未再向 U 盘存放文件。客户现将此故障 U 盘委托给你进行数据恢复，你首先需要理清工作思路，然后检测 U 盘的故障，最后制定数据恢复方案。

 知识链接

Flash 存储是当前数字时代最为流行、最为普遍的一种存储方式，目前，市面上常见的 Flash 存储类型有固态硬盘（Solid State Drive，SSD）、U 盘、SD 卡、CF 卡、MMC 卡、SM 卡、记忆棒（Memory Stick）、XD 卡等。

U 盘

U 盘全称 USB 闪存盘，英文名为"USB Flash Disk"。它是一种使用 USB 接口的无需物理驱动器的微型高容量移动存储产品，通过 USB 接口与电脑连接，实现即插即用。U 盘的称呼最早来源于朗科科技生产的一种新型存储设备，名曰"优盘"，使用 USB 接口进行连接。U 盘连接到电脑的 USB 接口后，U 盘中的资料可与电脑交换。而之后生产的类似技术的设备由于朗科科技已进行专利注册，而不能再称之为"优盘"，而改称谐音的"U 盘"。后来，U 盘这个称呼因其简单易记而广为人知，是移动存储设备之一，如图 1-34 所示。

图 1-34　U 盘

任务分析

Flash 存储故障类型大致可以划分为两类：一类是逻辑类故障，如存储在 Flash 中的文件误删除、误格式化、病毒破坏造成的分区无法被正常打开等；另一类是物理类型的故障，如 Flash 存储器无法被电脑或设备控制器所识别、容量变小、Flash 存储器 ID 信息无法正常显示等。

此客户的存储介质类型为 U 盘，而 U 盘通常是采用 USB 作为与电脑连接的数据传输接口的，因此检测该 U 盘故障是逻辑类故障还是物理类故障，只需把该 U 盘插入电脑验证该 U 盘能否被电脑正常识别。如果能正常识别，那么该故障可以归结于逻辑类故障，否则就是物理类故障。

制定解决方案

（1）将 U 盘连接至电脑 USB 接口之上，查看 U 盘是否可以正常识别，判断属于逻辑类故障还是物理类故障。如果是逻辑类故障，则采用常用的数据恢复软件进行恢复即可。

（2）若 U 盘无法正常识别，可以判断是物理类故障，需进一步检测。

把 U 盘的外壳去掉，从 U 盘 PCB 外观上逐一观察每个重要的电子元器件是否存在物理损伤，尤其是晶振芯片和主控芯片，如图 1-35 所示。

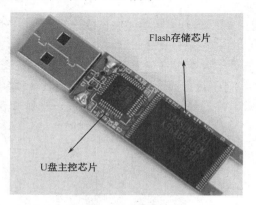

图 1-35　U 盘物理结构

根据以往众多的 U 盘故障案例经验，大部分的 U 盘物理故障主要集中在主控芯片上，主控芯片是 U 盘的"大脑"，控制和管理着 U 盘的存储方式与访问规则，一旦出现故障，U 盘就无法正常工作，表现出的现象为 U 盘无法被电脑识别。

解决此类故障的方法如下。

第一步：用焊接台把 U 盘的 Flash 存储芯片拿下来。

第二步：把卸载下来的 Flash 芯片装载到 PC3000 For Flash 恢复工具上。

第三步：物理提取 Flash 存储芯片的物理镜像。

第四步：调用 PC3000 For Flash 主控库中与之相对应的主控模拟程序，对 Dump 物理镜像进行一系列的变换整合，最终重现原有 U 盘中的数据。

任务实施

1. 逻辑类故障的判断检测方法

第一步：把故障 U 盘插入电脑接口，如图 1-36 所示。

第二步：右击桌面，选择"计算机"-> "管理"-> "磁盘管理"选项，如图 1-37 所示。

第三步：判断该 U 盘的故障类型为逻辑类故障，采用数据恢复软件进行恢复即可。

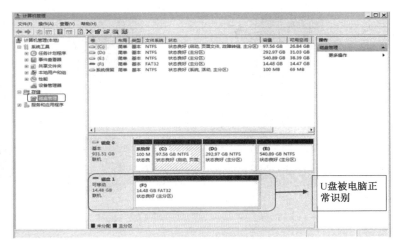

图 1-36　将 U 盘连接至计算机　　　　　　图 1-37　磁盘管理

2．物理类故障的判断检测方法

第一步：把 U 盘插入电脑。

第二步：右击桌面，选择"计算机"->"管理"->"磁盘管理"选项。

第三步：U 盘在"磁盘管理"界面中无法被识别出来，同时在桌面任务栏中有异常信息的提示，如图 1-38 所示。

图 1-38　USB 识别错误

第四步：此类现象都是 U 盘存在的物理类故障造成的。

第五步：一般是采用 PC3000 For Flash 工具进行恢复。

3．其他 Flash 存储介质的检测方法

其他常见的 Flash 存储介质无外乎 SD 卡、CF 卡、记忆棒、TF 卡等，如图 1-39 所示。

（a）SD 卡

（b）CF 卡

（c）记忆棒

（d）TF 卡

（e）Mini SD 卡

（f）固态硬盘

图 1-39　常见 Flash 存储介质

以上这些 Flash 存储介质故障检测方法与 U 盘的检测方法基本相同，只是一般的电脑通常不具备读取访问此类 Flash 的接口，因此需要准备对应的 Flash 读卡器。多合一读卡器，如图 1-40 所示。

检测步骤如下。

第一步：把 Flash 存储卡插入到读卡器相应的插槽中。

第二步：把读卡器 USB 接口插入电脑。

剩下的判断方法与 U 盘相同。

图 1-40　读卡器

 知识链接

其他存储介质

1. SD 卡

SD 卡是一种基于半导体快闪记忆器的新一代记忆设备。SD 卡由日本松下、东芝及美国 SanDisk 公司于 1999 年 8 月共同开发研制。大小犹如一张邮票的 SD 卡，质量只有 2g，但拥有高记忆容量、快速数据传输率、极大的移动灵活性以及很好的安全性。

SD 卡在 24mm×32mm×2.1mm 的体积内结合了 SanDisk 快闪记忆卡控制与 MLC（Multilevel Cell）技术、东芝 0.16u 及 0.13u 的 NAND 技术，通过 9 针的接口界面与专门的驱动器相连，不需要额外的电源来保持其上记忆的信息。它是一体化固体介质，没有任何移动部分，所以不用担心机械运动的损坏，如图 1-41 所示。

SD 卡结构如图 1-42 所示。

SD 记 忆 卡 的 结 构

外观

SD记忆卡具有机械式写入保护开关，以免至关重要的数据被意外丢失。

卡两侧的导槽可防止其插反了方向，一个凹口可防止器械掉落或撞击时，卡跳出其插孔。

肋条可保护金属触点，以减少静电所引起的损坏可能性，或触碰损坏，如控伤等。

- 端子护板
  保护结构可防止处理和插入期间，直接与针接触。　Ⓐ
- 写入保护开关
  可设置滑动开关来保护数据。　Ⓑ
- 可正确插入的楔形设计
  这种形状有助于用户插入正确的方向。　Ⓒ
- 凹口设计
  当卡受到物理冲击时，可防止卡从主设备上掉落。　Ⓓ
- 导槽
  可保证正确地插入主设备。　Ⓔ

图 1-41　SD 卡　　　　　　　　图 1-42　SD 卡结构

2. CF 卡

CF 卡最初是一种用于便携式电子设备的数据存储设备。作为一种存储设备，它革命性地使用了闪存，于 1994 年首次由 SanDisk 公司生产并制定了相关规范。当前，它的物理格式已经被多种设备所采用，CF 卡主要用于消费级数码照相机中，如图 1-43 所示。

3. MMC 卡

MMC 卡（Multimedia Card）即为"多媒体卡"，是一种快闪存储器卡标准，于 1997 年由西门子和 SanDisk 共同开发，其技术基于东芝的 NAND 快闪记忆技术，因此较早期基于 IntelNOR 快闪记忆技术的记忆卡（如 CF 卡）在尺寸上更小。MMC 卡的大小与一张邮票差不多，约 24mm×32mm×1.4mm，如图 1-44 所示。

图 1-43　CF 卡　　　　　　　　图 1-44　MMC 卡

4. 光盘

光盘是以光信息作为存储的载体并用来存储数据的一种物品，分为不可擦写光盘，如 CD-ROM、DVD-ROM 等；以及可擦写光盘，如 CD-RW、DVD-RAM 等。光盘是利用激光原理进行读、写的设备，是迅速发展的一种辅助存储器，可以存放文字、声音、图形、图像和动画等多媒体数字信息，如图 1-45 所示。

5. 记忆棒

记忆棒（Memory Stick）是由日本索尼公司最先研发出来的移动存储媒体。记忆棒用在索尼的 PSP、PSX 系列游戏机、数码照相机，数码摄像机，以及索爱公司生产的手机、笔记本上，用于存储数据，相当于计算机的硬盘，如图 1-46 所示。

图 1-45　光盘　　　　　　　　　　　　　　　图 1-46　记忆棒

6. XD 卡

XD 卡即 XD Picture Card，是专为存储数码照片开发的一种存储卡。其以袖珍的外形、轻便、小巧等特点成为时下风尚。XD 卡具有超大的存储容量和优秀的兼容性，能配合各式读卡器，可以方便地与个人电脑进行连接，如图 1-47 所示。

图 1-47　XD 卡

任务验收

评 价 内 容	评 价 标 准
数据恢复结果	严格按照要求对客户报修的故障存储进行检测，并将检测结果告知客户
在规定时间内完成数据恢复任务	在与客户约定的时间内成功完成数据恢复任务
正确使用恢复工具	在实施数据恢复任务过程中，规范地使用专业的数据恢复工具操作客户报修的故障存储，并未对故障存储造成二次破坏
客户是否满意	数据恢复完成后，客户表示非常满意

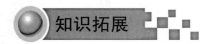

知识拓展

固态硬盘相关知识

硬盘类型及其优缺点，如表 1-3 所示。

表 1-3　硬盘类型及其优缺点

优缺点 硬盘类型	优　点	缺　点
传统机械硬盘	容量大、价格低	读写速度慢
固态硬盘	读写速度快、质量轻、能耗低、体积小	价格高、出现故障后数据恢复难度大

固态硬盘是用固态电子存储芯片阵列而制成的硬盘，由控制单元和存储单元（Flash 芯片、DRAM 芯片）组成，如图 1-48 所示。

图 1-48　固态硬盘

常见的固态硬盘接口类型，如图 1-49 所示。

（a）SATA 接口

（b）MSATA 接口

（c）M.2（NGFF）接口

（d）PCI-E 接口

（e）Macbook 接口

（f）USB3.0 接口

图 1-49　固态硬盘接口

固态硬盘 Flash 存储颗粒类型有四种：SLC、MLC、TLC、QLC。它们之间的区别如表 1-4 所示。

表 1-4　Flash 存储颗粒的区别

Flash 性能 Flash 颗粒种类	N Bits/Cell	读写速度	擦写寿命	价格
SLC（Single-Level Cell）	1	速度快	10 万次	价格约是 MLC 的 3 倍
MLC（Multi-Level Cell）	2	速度一般	3000～10000 次	价格适中
TLC（Trinary-Level Cell）	3	速度慢	500 次	价格相对低
QLC（Quad-Level Cell）	4	速度最慢	研发阶段	价格最低

从 21 世纪，固态硬盘开始逐渐走上市场，从当初的 M 级容量，发展到了 T 级容量，价格从 1MB/200 元，降至如今约 1GB/元。在组装或选购计算机时，之前有人会选择三星、闪迪、金士顿等品牌的固态硬盘，现在随着中国技术的不断发展与提升，各领域实现关键性的技术突破，目前国内储存技术也发生了翻天覆地的变化。无论是硬件堆料，还是传输速度，又或是性价比方面，国产存储硬盘质量大幅度提升。例如华为、爱国者等品牌的固态硬盘，从控制芯片到存储颗粒，再到存储级产品已经成为"国货之光"。

单 元 总 结

本单元主要介绍了几种常见存储介质的检测方法和几款专业硬盘检测软件。初检对数据恢复行业来说至关重要，在数据恢复业务流程中，需要严格按照要求对客户报修的故障存储进行初检。

逻辑类故障的数据恢复

单元 2

☆ **单元概要**

通过本单元的学习，能够掌握解决实际生活中遇到的因逻辑类故障导致的数据丢失的方法，可以自行排除故障。逻辑类故障导致的数据丢失，是日常生活中遇到最多的一类。恢复过程相对容易，可通过使用专业的数据恢复软件对故障存储进行恢复操作，如 R-Studio 等专业数据恢复软件。

任务 1 误删除的数据恢复

配套资源

任务描述

根据客户王先生的描述，他在对移动硬盘内数据整理之时，误将存放于根目录下的一重要文件删除了，文件名称为"提交方案.docx"。由于客户王先生对计算机知识有所了解，所以在发生数据丢失之后及时对移动硬盘进行了断电操作。据客户提供信息，其报修的故障存在于一块 500GB 的移动硬盘上，共划分 2 个分区，数据丢失之后未做其他操作。现在需要做的就是对硬盘进行检测，判断故障之后做针对性的恢复。

任务分析

误删除等逻辑类故障可通过使用数据恢复专业工具进行数据恢复。此任务中客户报修的故障是其分区根目录内误删除了某个文件，删除后未做其他操作，可通过使用专业数据恢复软件 R-Studio 尝试进行恢复。

制定解决方案

作为专业的数据恢复工程师，在接到客户报修的故障后，需要理清工作思路，判断故障，制定针对性的数据灾难拯救方案。根据客户提供的信息可以判断其属于逻辑类故障导致的数据丢失，可以先使用数据恢复软件对故障存储进行恢复操作。

逻辑类故障数据恢复需要对文件系统有所认识，例如，Windows 环境下常用的 NTFS 文件系统、FAT32 文件系统等。此类故障可使用专业恢复软件尝试恢复，如 R-Studio、Easy Recovery 等。操作过程中需注意数据安全问题，规范操作，切勿对故障存储介质造成不必要的二次破坏。

逻辑类故障导致的数据丢失，通常可以使用 R-Studio 数据恢复软件进行数据恢复。R-Studio 具有良好的文件系统解析功能，界面直观明了。

知识链接

R-Studio 是功能超强的数据恢复、反删除工具，如图 2-1 所示。其采用了全新恢复技术，为使用 FAT12/16/32、NTFS、NTFS 5（Windows 2000 系统）和 Ext2FS（Linux 系统）分区的磁盘提供了完整数据维护解决方案，同时提供对本地和网络磁盘的支持。此外，其大量的参数设置可以让高级用户获得最佳恢复效果。

R-Studio 新版本增加了 RAID 重组功能，可以虚拟重组的 RAID 类型包括 RAID 0 和 RAID 5，其中重组 RAID 5 可以缺少一块硬盘。R-Studio 采用了 Windows 资源管理器操作界面。

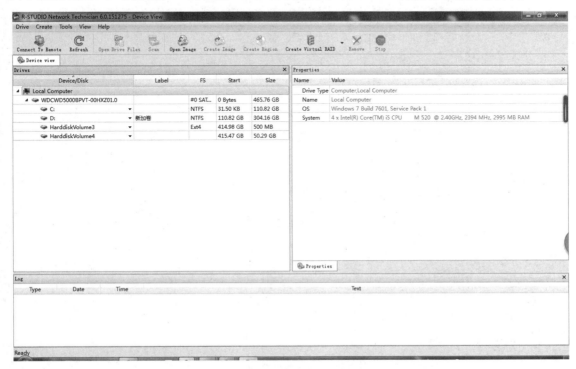

图 2-1　数据恢复软件 R-Studio

其可以通过网络恢复远程数据（远程计算机可运行 Windows 95/98/ME/NT/2000/XP、Linux、UNIX 系统）；支持 FAT12/16/32、NTFS、NTFS 5 和 Ext2FS 文件系统；能够重建损毁的 RAID 阵列；为磁盘、分区、目录生成镜像文件；恢复删除分区上的文件、加密文件（NTFS 5）、数据流（NTFS、NTFS 5）；恢复 FDISK 或其他磁盘工具删除过的数据、病毒破坏的数据、MBR 破坏后的数据；识别特定文件名；把数据保存到任意磁盘中；浏览、编辑文件或磁盘中的内容等。

R-Studio 已经更新至 7.2 版本，全新版本支持汉化以及远程连接 DeepSpar 和 RAID 自动校验，增加了 SMART 表查看功能。

任务实施

方法 1　使用数据恢复软件 R-Studio 恢复丢失的文件

第一步：开始恢复之前，将故障存储介质连接至数据恢复专用机上，使用 R-Studio 数据恢复软件对故障存储介质进行底层逻辑分析。进入 R-Studio 主界面，如图 2-2 所示。

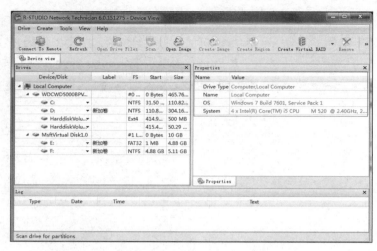

图 2-2　R-Studio 主界面

第二步：在 R-Studio 操作界面左侧选择故障存储介质，在右侧将显示当前被选中存储介质的相关属性，如图 2-3 所示。

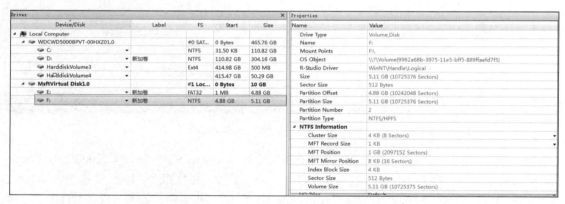

图 2-3　故障存储

第三步：双击打开指定分区，如图 2-4 所示。

界面左侧将故障分区内所有文件按照目录树的形式直观显示出来，界面右侧显示当前根目录下所有的数据文件，如图 2-5 所示。

经验分享

（1）根目录下的文件中，在文件前用红色"X"标记的文件为被删除的文件。

（2）目录下未做标记的表示正常存放在目录下的文件。

（3）如图 2-5 所示，类似"~WRL1246.tmp"的文件被称为临时文件。

（4）对于 NTFS 文件系统来说，文件名前加"$"符号的被称之为元文件，如表 2-1 所示。

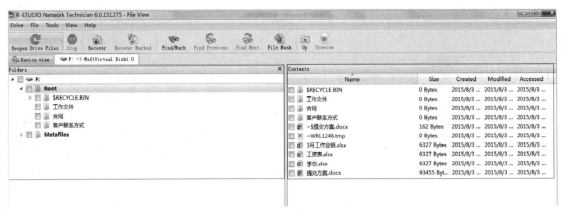

图 2-4　分区内数据结构

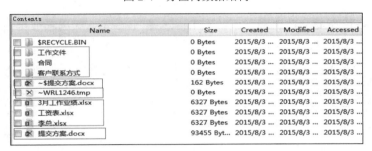

图 2-5　根目录文件

表 2-1　NTFS 文件系统的元文件

序　号	元　文　件	功　　能
0	$MFT	主文件表本身，文件索引
1	$MFTMirr	主文件表的部分镜像
2	$LogFile	事务型日志文件
3	$Volume	卷文件，记录卷标等信息
4	$AttrDef	属性定义列表文件
5	$Root	根目录文件，管理根目录
6	$Bitmap	位图文件，记录分区簇使用情况
7	$Boot	引导文件，记录系统引导数据情况
8	$BadClus	坏簇列表文件
9	$Quota（NTFS4）	磁盘配额信息
10	$Secure	安全文件
11	$UpCase	大小写字符转换表文件
12	$Extendmetadatadirectory	扩展元数据目录
13	$Extend\$Reparse	重解析点文件
14	$Extend\$UsnJrnl	加密日志文件
15	$Extend\$Quota	配额管理文件
16	$Extend\$ObjId	对象 ID 文件

第四步：选择待恢复文件，选中文件前面的复选框，使文件处于被选中状态，如图 2-6 所示。

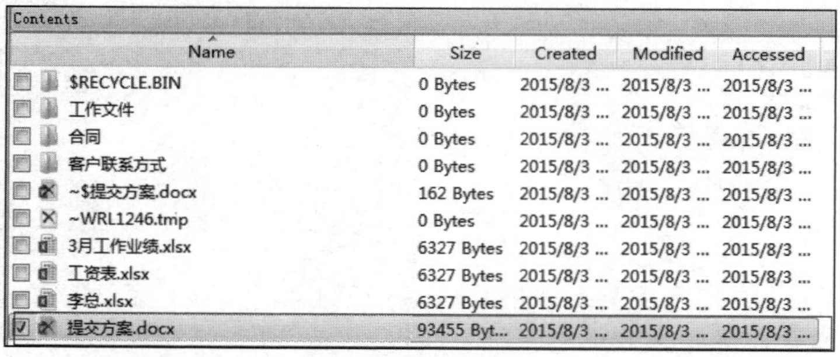

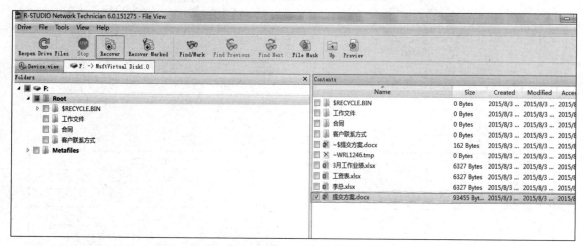

图 2-6　选择指定文件

第五步：确认待恢复文件选择无误，右击，选择"Recover"选项或单击软件上方功能栏中的"Recover"按钮，对选择的文件进行恢复，如图 2-7 所示。

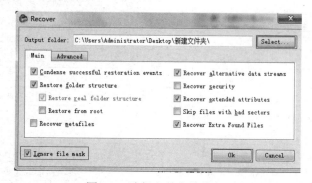

图 2-7　对指定文件进行恢复

第六步：选择文件保存路径，如图 2-8 所示。

图 2-8　选择文件存放路径

温馨提示

注意：选择的路径不能为故障磁盘，否则一旦覆盖磁盘，数据将永久丢失。

第七步：以上功能选项可以保持默认状态。设置完毕后，单击"OK"按钮，待恢复的文件就被恢复了。

知识链接

NTFS 文件系统

NTFS 文件系统是随着 Windows NT 操作系统的诞生而产生的，并随着 Windows NT 4 跨入主力文件系统的行列。它的优点是具有出色的安全性和稳定性；在使用中不易产生文件碎片；它还提供了容错结构日志，可以将用户的操作全部记录下来，从而保护系统的安全。

NTFS 文件系统的特点如下。

1．安全性

NTFS 的安全性很高，提供了许多安全性能方面的选项，可以在本机也可以通过远程操控的方法保护文件和目录。NTFS 还支持加密文件系统（EFS），可以阻止没有授权的用户访问文件。

2．可恢复性

NTFS 文件系统数据存储的可靠性很强，比较适合做服务器的文件系统，因为其提供了基于原子事务（Atomic Transaction）概念的文件系统可恢复性。原子事务是数据库中处理数据更新的一项技术，它可以保证即使系统失败也不影响数据库的正确性和完整性。

3．文件压缩

NTFS 文件系统带来的另一个好处是支持文件压缩功能，用户可以选择压缩单个文件或者整个文件夹。对于那些不经常使用的数据或者较大的文件，可以使用 NTFS 自带的压缩功能来节约磁盘空间。

4．磁盘配额

磁盘配额就是管理员可以为用户所能使用的磁盘空间进行限制，每一用户只能使用最大配额范围内的磁盘空间。设置磁盘配额后，可以对每一个用户的磁盘使用情况进行跟踪和控制，通过监测可以标识出超过配额报警阈值和配额限制的用户，从而采取相应的措施。磁盘配额管理功能的提供，使得管理员可以方便合理地为用户分配存储资源，避免由于磁盘中空间使用的失控造成的系统崩溃，提高了系统的安全性。磁盘配额可以在 NTFS 分区的"属性"中进行设置。打开一个 NTFS 分区的"属性"对话框，可以看到"定额"选项卡，在这个选项卡中可以详细设置磁盘限额的最大空间、报警阈值及对每个用户的定额限制。

5．B+树的文件管理

NTFS 利用 B+树文件管理方法来跟踪文件在磁盘上的位置，这种技术比在 FAT 文件系统中使用的链表技术具备更多的优越性。在 NTFS 中，文件名顺序存放，因而查找速度更快。如果文件比较大，B+树会在宽度上增长，而不会在深度上增长，因此，当目录增大时，NTFS 并没有显示出明显的性能下降。

6．文件查找速度快

在主文件表中，目录的索引根属性包括一些文件名，它们是到达 B+树的第二层的索引。在这个索引根属性中的每一个文件名都包含了一个指向索引缓冲区的指针。这个索引缓冲区中包含一些文件名，它们位于索引根属性中的文件的名称之前。通过这种位置关系，可使它们排在索引缓冲区中的那个文件前面。利用这些索引缓冲区，NTFS 可以进行折半查找，从而获得更快的文件查找速度。

 知识拓展

NTFS 文件系统下删除前后变化对比如下。

（1）文件或文件夹删除前后变化如图 2-9 所示。

（a）文件删除前对应的 MFT 表项内容结构

图 2-9　文件或文件夹删除前后的变化

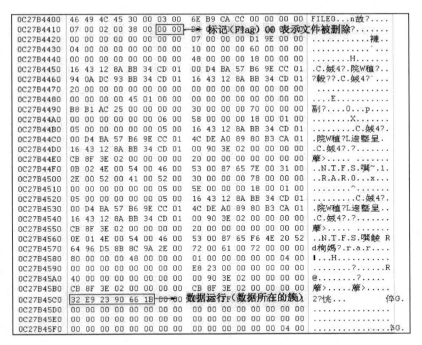

（b）文件删除后对应的 MFT 表项内容结构

图 2-9　文件或文件夹删除前后的变化（续）

（2）数据区删除前后变化如图 2-10 和图 2-11 所示。

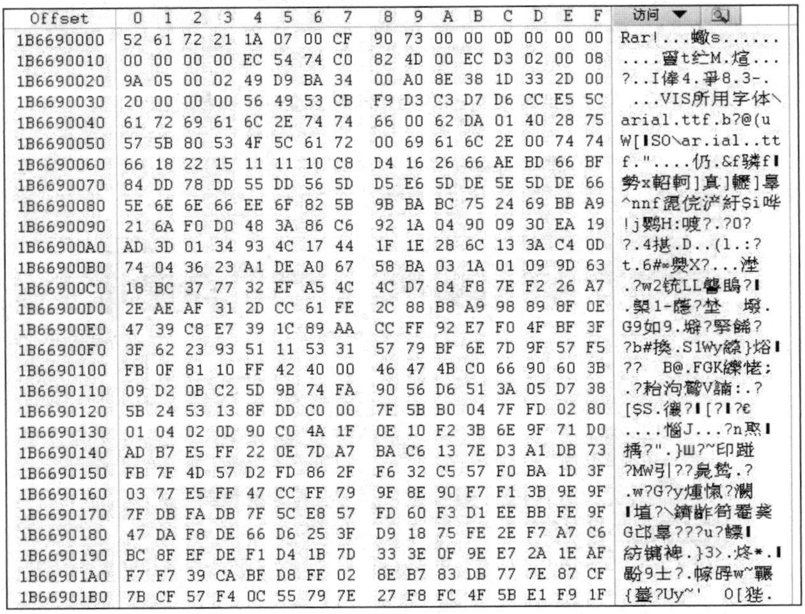

图 2-10　数据区删除前

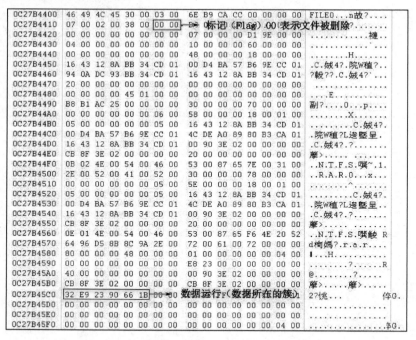

图 2-11　数据区删除后

经验分享

误删除能够恢复的原因

对比数据区可知，文件数据没有做任何更改，这就是 NTFS 文件系统中文件被彻底删除后也可以完整恢复的根本原因。

方法 2　使用数据恢复软件 EasyRecovery 恢复丢失的数据

第一步：使用 EasyRecovery 数据恢复软件，尝试恢复因误删除而导致数据丢失的故障存储介质。EasyRecovery 数据恢复软件主界面如图 2-12 所示。

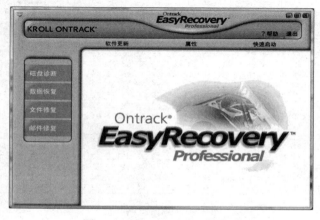

图 2-12　EasyRecovery 主界面

第二步：选择"数据恢复"选项卡中的"删除恢复"按钮，对故障存储介质尝试进行数据恢复工作，如图 2-13 所示。

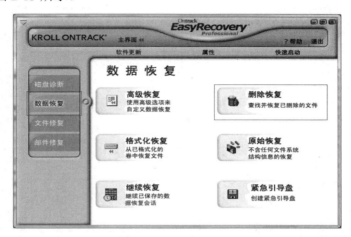

图 2-13 EasyRecovery 数据恢复

第三步：选择需要恢复的故障存储分区，如图 2-14 所示。

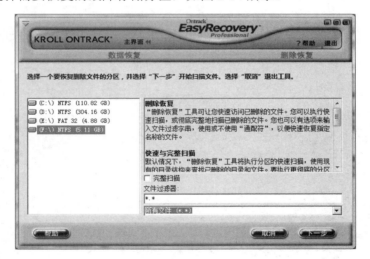

图 2-14 选择故障存储分区

第四步：软件提供了指定文件类型功能，可以指定需要恢复的文件类型，节省时间，如图 2-15 所示。

第五步：参数设置完毕开始底层逻辑扫描，如图 2-16 所示。

第六步：扫描结束，所有丢失的数据将直观呈现，可以选择待恢复的文件进行数据恢复，如图 2-17 所示。

第七步：选择好需要恢复的文件，单击"下一步"按钮，进入恢复路径选择界面，设置完毕后单击"下一步"按钮，开始数据恢复过程，如图 2-18 所示。

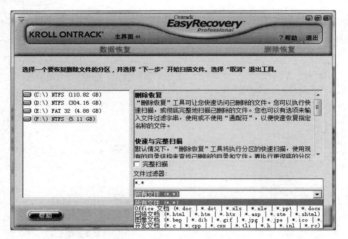

图 2-15 指定文件类型

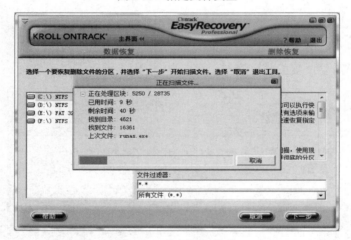

图 2-16 底层逻辑扫描

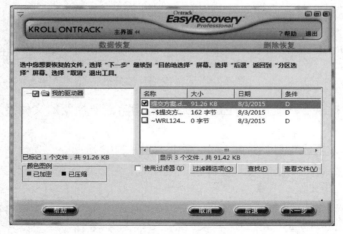

图 2-17 逻辑扫描结果

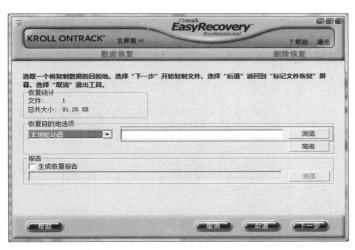

图 2-18 设置恢复路径

 知识链接

NTFS 文件系统底层数据存储结构

NTFS 文件系统中所有数据文件都由很多个 MFT（主文件表）记录组成，一般情况下，一个 MFT 记录由两个扇区组成，即 1KB。每项 MFT 记录详细记录了文件或者目录的具体内容，这些内容按照不同的性质分成不同的属性，从而组成了记录文件或者目录结构的属性列表。

每一个文件记录结构由 1024 个字节构成，即由两个扇区构成。每个文件记录由两部分构成：一部分是文件记录头，另一部分是属性列表。

使用底层数据编辑软件，在硬盘底层找到任务中的文件，文件的底层数据结构如图 2-19 所示。

图 2-19 文件 MFT 结构

任务验收

评 价 内 容	评 价 标 准
数据恢复结果	经客户验证，所恢复的数据为客户所需且数据完整，未发生文件乱码或打不开等现象
在规定时间内完成数据恢复任务	在与客户约定的时间内成功完成数据恢复任务
正确使用恢复工具	在实施数据恢复任务过程中，规范地使用工具
客户是否满意	数据恢复完成后，将数据当面销毁，确保客户数据不会被泄露，客户表示非常满意

知识拓展

1. NTFS 文件删除对应底层结构变化

使用底层编辑软件 WinHex 解析文件。找到对应文件，查看其数据结构，如图 2-20 所示。

```
04000B400  46 49 4C 45 30 00 03 00  D0 86 80 00 00 00 00 00  FILE0...袪€....
04000B410  03 00 02 00 38 00 00 00  40 02 00 00 00 04 00 00  ....8...@.......
04000B420  00 00 00 00 00 00 00 00  04 00 00 00 2D 00 00 00  ........ ....-...
04000B430  02 00 00 00 00 00 00 00  10 00 00 00 60 00 00 00  ............`...
04000B440  00 00 00 00 00 00 00 00  48 00 00 00 18 00 00 00  ........H.......
04000B450  2E A4 AA 14 97 CD D0 01  3E CB AA 14 97 CD D0 01  .??.椤?.>??.椤?.
04000B460  3E CB AA 14 97 CD D0 01  2E A4 AA 14 97 CD D0 01  >??.椤?..??.椤?.
04000B470  22 00 00 00 00 00 00 00  00 00 00 00 00 00 00 00  "...............
04000B480  00 00 00 00 09 01 00 00  00 00 00 00 00 00 00 00  ................
04000B490  00 00 00 00 00 00 00 00  30 00 00 00 70 00 00 00  ........0...p...
04000B4A0  00 00 00 00 00 00 03 00  56 00 00 00 18 00 01 00  ........V.......
04000B4B0  05 00 00 00 00 00 05 00  2E A4 AA 14 97 CD D0 01  .........??.椤?.
04000B4C0  2E A4 AA 14 97 CD D0 01  2E A4 AA 14 97 CD D0 01  .??.椤?..??.椤?.
04000B4D0  2E A4 AA 14 97 CD D0 01  00 00 00 00 00 00 00 00  .??.椤?.........
04000B4E0  00 00 00 00 00 00 00 00  22 00 00 00 00 00 00 00  ........".......
04000B4F0  0A 02 7E 00 24 00 D0 63  A4 4E 7E 00 31 00 2E 00  ..~.$.衔 ~.1...
04000B500  44 00 4F 00 43 00 78 00  30 00 00 00 70 00 00 00  D.O.C.x.0...p...
04000B510  00 00 00 00 00 00 02 00  58 00 00 00 18 00 01 00  ........X.......
04000B520  05 00 00 00 00 00 05 00  2E A4 AA 14 97 CD D0 01  .........??.椤?.
04000B530  2E A4 AA 14 97 CD D0 01  2E A4 AA 14 97 CD D0 01  .??.椤?..??.椤?.
04000B540  2E A4 AA 14 97 CD D0 01  00 00 00 00 00 00 00 00  .??.椤?.........
04000B550  00 00 00 00 00 00 00 00  22 00 00 00 00 00 00 00  ........".......
04000B560  0B 01 7E 00 24 00 D0 63  A4 4E B9 65 48 68 2E 00  ..~.$.衔 簨Hh.
04000B570  64 00 6F 00 63 00 78 00  80 00 00 00 18 00 00 00  d.o.c.x.€.......
04000B580  00 00 18 00 00 00 01 00  A2 00 00 00 18 00 00 00  ........?......
04000B590  0D 41 64 6D 69 6E 69 73  74 72 61 74 6F 72 00 00  .Administrator..
04000B5A0  00 00 00 00 00 00 00 00  00 00 00 00 00 00 00 00  ................
04000B5B0  00 00 00 00 00 00 00 00  00 00 00 00 00 00 00 00  ................
```

图 2-20　MFT 底层数据结构

MFT 在硬盘底层对应的数据结构标志头固定为"46 49 4C 45H"，在底层进行数据查找的时候可以搜索这个字段。

通过文件的 MFT 也可以得知此文件是否被删除了。偏移地址"16H-17H"两个字节描述了文件的运行状态，标记（Flag）00 表示文件被删除、01 表示文件正在使用、02 表示目录删除、03 表示目录正在使用。本任务案例中的文件被删除了，其 MFT 中偏移地址"16H-17H"

用"00"标记，表示此文件处于删除状态，如图 2-21 所示。

标记00表示文件处于
删除状态

```
04000B400  46 49 4C 45 30 00 03 00  D0 86 80 00 00 00 00 00   FILE0...袍€....
04000B410  03 00 02 00 38 00 00 00  40 02 00 00 00 04 00 00   ....8...@.......
04000B420  00 00 00 00 00 00 00 00  04 00 00 00 2D 00 00 00   ............-...
04000B430  02 00 00 00 00 00 00 00  00 00 00 00 60 00 00 00   ............`...
04000B440  00 00 00 00 00 00 00 00  48 00 00 00 18 00 00 00   ........H.......
04000B450  2E A4 AA 14 97 CD D0 01  3E CB AA 14 97 CD D0 01   .??.樹?.>??.樹?.
04000B460  3E CB AA 14 97 CD D0 01  2E A4 AA 14 97 CD D0 01   >??.樹?..??.樹?.
04000B470  22 00 00 00 00 00 00 00  00 00 00 00 00 00 00 00   ".............
04000B480  00 00 00 00 09 01 00 00  00 00 00 00 00 00 00 00   .............
04000B490  00 00 00 00 00 00 00 00  30 00 00 00 70 00 00 00   ........0...p...
04000B4A0  00 00 00 00 00 00 03 00  56 00 00 00 18 00 01 00   ........V.......
04000B4B0  05 00 00 00 00 00 05 00  2E A4 AA 14 97 CD D0 01   ........??.樹?.
04000B4C0  2E A4 AA 14 97 CD D0 01  2E A4 AA 14 97 CD D0 01   ??.樹?..??.樹?.
04000B4D0  2E A4 AA 14 97 CD D0 01  00 00 00 00 00 00 00 00   .??.樹?........
04000B4E0  00 00 00 00 00 00 00 00  22 00 00 00 00 00 00 00   ........"......
04000B4F0  0A 02 7E 00 24 00 D0 63  A4 4E 7E 00 31 00 2E 00   ..~.$.衕.~.1...
04000B500  44 00 4F 00 43 00 78 00  30 00 00 00 70 00 00 00   D.O.C.x.0...p...
04000B510  00 00 00 00 00 00 02 00  58 00 00 00 18 00 01 00   ........X......
04000B520  05 00 00 00 00 00 05 00  2E A4 AA 14 97 CD D0 01   ........??.樹?.
04000B530  2E A4 AA 14 97 CD D0 01  2E A4 AA 14 97 CD D0 01   ??.樹?..??.樹?.
04000B540  2E A4 AA 14 97 CD D0 01  00 00 00 00 00 00 00 00   ??.樹?........
04000B550  00 00 00 00 00 00 00 00  22 00 00 00 00 00 00 00   ........"......
04000B560  0B 01 7E 00 24 00 D0 63  A4 4E B9 65 48 68 2E 00   .~.$.衕.~簡Hh..
04000B570  64 00 6F 00 63 00 78 00  80 00 00 00 C0 00 00 00   d.o.c.x.€...?..
04000B580  00 00 18 00 00 00 01 00  A2 00 00 00 18 00 00 00   ........?...
04000B590  0D 41 64 6D 69 6E 69 73  74 72 61 74 6F 72 00 00   .Administrator..
04000B5A0  00 00 00 00 00 00 00 00  00 00 00 00 00 00 00 00   ..............
04000B5B0  00 00 00 00 00 00 00 00  00 00 00 00 00 00 00 00   ..............
```

图 2-21　文件"运行状态"

拓展任务

使用 EasyRecovery 数据恢复软件的"高级恢复"功能，完成故障存储介质的数据恢复。
EasyRecovery 数据恢复软件主界面，如图 2-22 所示。

图 2-22　EasyRecovery 主界面

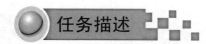

任务 2 误格式化数据恢复

配套资源

任务描述

　　客户报修一故障 U 盘。在一次误操作中误将 U 盘当做本地磁盘进行了格式化操作而导致数据全部丢失。根据客户回忆，在数据丢失之后未做其他破坏性的操作。作为数据恢复工程师，接到客户报修故障存储介质后先要认真严格地检测，然后判断故障，最后制定针对性的解决方案。

任务分析

　　分区误格式化是常见逻辑类故障之一。与其他逻辑类故障恢复方法相同，可借助数据恢复软件对故障存储介质进行分析和恢复。此任务中客户报修的故障存储介质误将分区进行了格式化操作，导致分区内数据丢失。使用数据恢复软件对分区进行逻辑扫描尝试以恢复丢失的数据。

　　但是由于 U 盘默认采用 FAT32 文件系统，所以在做完格式化操作之后，有可能一些数据的"数据链"发生了断裂，而导致了文件的不完整，需要与客户交代清楚。数据丢失故障为逻辑类故障，可借助专业数据恢复工具对故障存储介质进行底层逻辑扫描，尝试进行数据恢复。

知识链接

由多个扇区组成的一个存储单元称之为"簇"，如图 2-23 所示。

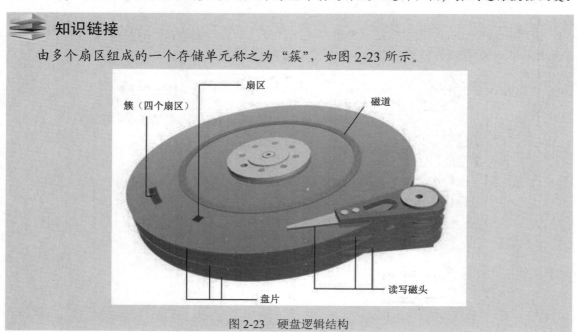

图 2-23　硬盘逻辑结构

　　硬盘在进行分区之时已经确立了所使用的文件系统，数据均以"簇"的形式进行存储。FAT32 文件系统下由于其文件系统具有对簇的分配原则：当文件写入操作时，不能保证为此文件所分配的存储空间"簇"为连续的。这样就会导致数据不连续存储，在对 FAT32 文件系统进行格式化之后，FAT 被清空，所有"簇链"发生断裂，就会造成原本未连续存储的文件产生碎片。恢复完整之后有些文件也会出现不完整的现象。

　　FAT（File Allocation Table）是一张记录文件存储位置的表格，文件存储位置用簇号来表示。FAT 的主要作用就是为存放于分区内的文件分配存储空间，当删除一个文件时，该文件对应的 FAT 将被清空释放存储空间。同样，对 FAT32 文件系统的分区进行格式化操作，对应 FAT 将被全部清空并释放分区所有空间。

　　FAT32 文件系统下格式化前后 FAT 的变化，如图 2-24 和图 2-25 所示。

```
000241C00  8 FF FF 0F FF FF FF FF  FF 00 00 0F FF FF FF 0F
000241C10  FF FF FF 0F 06 00 00 00  07 00 00 00 08 00 00 00
000241C20  09 00 00 00 0A 00 00 00  0B 00 00 00 0C 00 00 00
000241C30  0D 00 00 00 0E 00 00 00  0F 00 00 00 10 00 00 00
000241C40  11 00 00 00 12 00 00 00  13 00 00 00 14 00 00 00
000241C50  15 00 00 00 16 00 00 00  17 00 00 00 18 00 00 00
000241C60  19 00 00 00 1A 00 00 00  1B 00 00 00 1C 00 00 00
000241C70  1D 00 00 00 1E 00 00 00  1F 00 00 00 20 00 00 00
000241C80  21 00 00 00 22 00 00 00  23 00 00 00 24 00 00 00
000241C90  25 00 00 00 26 00 00 00  27 00 00 00 28 00 00 00
000241CA0  29 00 00 00 2A 00 00 00  2B 00 00 00 2C 00 00 00
000241CB0  2D 00 00 00 2E 00 00 00  2F 00 00 00 30 00 00 00
000241CC0  31 00 00 00 32 00 00 00  33 00 00 00 34 00 00 00
000241CD0  35 00 00 00 36 00 00 00  37 00 00 00 38 00 00 00
000241CE0  39 00 00 00 3A 00 00 00  3B 00 00 00 3C 00 00 00
000241CF0  3D 00 00 00 3E 00 00 00  3F 00 00 00 40 00 00 00
000241D00  41 00 00 00 42 00 00 00  43 00 00 00 44 00 00 00
000241D10  45 00 00 00 46 00 00 00  47 00 00 00 48 00 00 00
000241D20  49 00 00 00 4A 00 00 00  4B 00 00 00 4C 00 00 00
000241D30  4D 00 00 00 4E 00 00 00  4F 00 00 00 50 00 00 00
000241D40  51 00 00 00 52 00 00 00  53 00 00 00 54 00 00 00
000241D50  55 00 00 00 56 00 00 00  57 00 00 00 58 00 00 00
000241D60  59 00 00 00 5A 00 00 00  5B 00 00 00 5C 00 00 00
000241D70  5D 00 00 00 5E 00 00 00  5F 00 00 00 60 00 00 00
000241D80  61 00 00 00 62 00 00 00  63 00 00 00 64 00 00 00
000241D90  65 00 00 00 66 00 00 00  67 00 00 00 68 00 00 00
000241DA0  69 00 00 00 6A 00 00 00  6B 00 00 00 6C 00 00 00
000241DB0  6D 00 00 00 6E 00 00 00  6F 00 00 00 70 00 00 00
000241DC0  71 00 00 00 72 00 00 00  73 00 00 00 74 00 00 00
000241DD0  75 00 00 00 76 00 00 00  77 00 00 00 78 00 00 00
```

图 2-24　格式化前的 FAT

```
000241C00  8 FF FF 0F FF FF FF FF  FF FF FF 0F FF FF FF 00
000241C10  FF FF FF 0F 00 00 00 00  00 00 00 00 00 00 00 00
000241C20  00 00 00 00 00 00 00 00  00 00 00 00 00 00 00 00
000241C30  00 00 00 00 00 00 00 00  00 00 00 00 00 00 00 00
000241C40  00 00 00 00 00 00 00 00  00 00 00 00 00 00 00 00
000241C50  00 00 00 00 00 00 00 00  00 00 00 00 00 00 00 00
000241C60  00 00 00 00 00 00 00 00  00 00 00 00 00 00 00 00
000241C70  00 00 00 00 00 00 00 00  00 00 00 00 00 00 00 00
000241C80  00 00 00 00 00 00 00 00  00 00 00 00 00 00 00 00
000241C90  00 00 00 00 00 00 00 00  00 00 00 00 00 00 00 00
000241CA0  00 00 00 00 00 00 00 00  00 00 00 00 00 00 00 00
000241CB0  00 00 00 00 00 00 00 00  00 00 00 00 00 00 00 00
000241CC0  00 00 00 00 00 00 00 00  00 00 00 00 00 00 00 00
000241CD0  00 00 00 00 00 00 00 00  00 00 00 00 00 00 00 00
000241CE0  00 00 00 00 00 00 00 00  00 00 00 00 00 00 00 00
000241CF0  00 00 00 00 00 00 00 00  00 00 00 00 00 00 00 00
000241D00  00 00 00 00 00 00 00 00  00 00 00 00 00 00 00 00
000241D10  00 00 00 00 00 00 00 00  00 00 00 00 00 00 00 00
000241D20  00 00 00 00 00 00 00 00  00 00 00 00 00 00 00 00
000241D30  00 00 00 00 00 00 00 00  00 00 00 00 00 00 00 00
000241D40  00 00 00 00 00 00 00 00  00 00 00 00 00 00 00 00
000241D50  00 00 00 00 00 00 00 00  00 00 00 00 00 00 00 00
000241D60  00 00 00 00 00 00 00 00  00 00 00 00 00 00 00 00
000241D70  00 00 00 00 00 00 00 00  00 00 00 00 00 00 00 00
000241D80  00 00 00 00 00 00 00 00  00 00 00 00 00 00 00 00
000241D90  00 00 00 00 00 00 00 00  00 00 00 00 00 00 00 00
000241DA0  00 00 00 00 00 00 00 00  00 00 00 00 00 00 00 00
000241DB0  00 00 00 00 00 00 00 00  00 00 00 00 00 00 00 00
```

图 2-25　格式化之后的 FAT

　　对比格式化前后 FAT 的变化可以看到，当对 FAT32 文件系统的分区进行格式化操作之后，分区内所有数据对应的 FAT 将被完全清空并释放原分区所有存储空间。

　　FAT32 文件系统，不能保证所有文件的完整性，通过 FAT 可以看出文件是否为连续存储的，如果文件非连续存储，恢复完毕就可能造成文件碎片化。

制定解决方案

　　逻辑类故障可使用数据恢复软件进行恢复，如 R-Studio，对故障存储介质进行底层逻辑扫描，但是操作过程中需要谨慎操作，切勿对存储介质本身造成破坏。在必要的情况下可以对故障存储介质进行镜像操作。镜像操作可防止数据的永久丢失。

任务实施

 温馨提示

　　在开始恢复之前，需要与客户交代清楚恢复过程中存在的风险问题，在客户同意的情况下再对客户的故障存储介质进行恢复操作。

方法 使用数据恢复软件 R-Studio 恢复丢失的数据

第一步：确保故障存储介质正确连接到数据恢复专用机之上。尝试使用 R-Studio 数据恢复软件对故障存储介质进行逻辑分析扫描。在单元 2 中已介绍过 R-Studio 的一些功能，在此不再过多介绍。打开 R-Studio，如图 2-26 所示。

图 2-26 R-Studio 主界面

第二步：在 R-Studio 左侧驱动器选择区域选择待操作的故障分区，右侧将显示当前分区的基本参数，如图 2-27 所示。

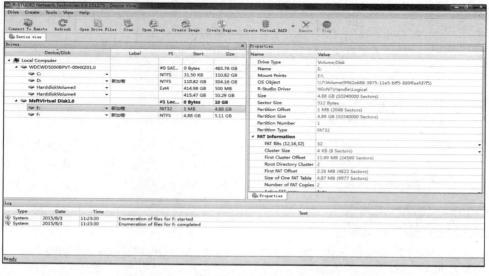

图 2-27 基本信息

知识链接

文件目录表（FDT, File Directory Table）。由若干个32个字节表项构成，登记着分区上的目录、文件和子目录信息。这些信息包括文件和目录的名称、创建时间、属性、大小、首簇号。FDT的结构如图2-28所示。

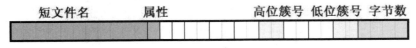

图 2-28　FDT 数据结构

图2-29以十六进制的形式解析了FDT底层数据结构。

```
0012582912  D0 C2 BC D3 BE ED 20 20  20 20 20 08 00 00 00 00   新加卷     .....
0012582928  00 00 00 00 00 00 8A 55  03 47 00 00 00 00 00 00   ....奋.G....
0012582944  24 52 45 43 59 43 4C 45  42 49 4E 16 00 25 8A 55   $RECYCLEBIN..%奋U
0012582960  03 47 03 47 00 00 8B 55  03 47 03 00 00 00 00 00   .G.G..嬺.G.....
0012582976  42 DF 7E CB 4E CD 7E 2E  00 70 00 0F 00 88 70 00   B?~N?~..p..?p.
0012582992  74 00 00 00 FF FF FF FF  FF FF 00 00 FF FF FF FF   t...  ..
0012583008  01 2C 7B 36 00 B2 8B 2D  2D 00 0F 00 88 46 00 00   ., {6.??..-..?F.
0012583024  41 00 54 00 33 00 32 00  87 65 00 00 F6 4E FB 7C   A.T.3.2.嗅.鲮鹼
0012583040  B5 DA 36 BD B2 2D 7E 31  50 50 54 20 00 0D 35 52   第6??.~1PPT ..5R
0012583056  05 47 05 47 00 00 8B 55  66 44 05 00 00 20 39 00   .G.G..嬺fD... 9.
0012583072  43 74 00 00 00 FF FF FF  FF FF FF 0F 00 89 FF FF   Ct...    ?
0012583088  FF FF FF FF FF FF FF FF  FF FF 00 00 FF FF FF FF    .?~.Npencb`..?.Y
0012583104  02 DF 7E 0B 4E 70 65 6E  63 62 60 0F 00 89 0D 59   Hh煝罶.g..p.p.
0012583120  48 68 8B 4F E3 89 90 67  2E 00 00 70 00 70 00      ., {7.??..-..?F.
0012583136  01 2C 7B 37 00 B2 8B 2D  00 2D 00 0F 00 89 46 00   A.T.3.2.嗅.鲮鹼
0012583152  41 00 54 00 33 00 32 00  87 65 00 00 F6 4E FB 7C   第7??.~1PPT ..5R
0012583168  B5 DA 37 BD B2 2D 7E 31  50 50 54 20 00 0E 35 52   .G.G..鶺rD?.~..
0012583184  05 47 05 47 00 00 FA 6C  72 44 97 03 00 7E 12 00   B€{US?N?~...?p.
0012583200  42 80 7B 55 53 CB 4E CD  7E 2E 00 00 86 70 00      p.t...   ...?p.
0012583216  70 00 74 00 00 00 FF FF  FF FF 00 00 FF FF FF FF   ., {8.??.鹼.-..?N.
0012583232  01 2C 7B 38 00 B2 8B 2D  00 2D 00 0F 00 86 4E 00   T.F.S.嗅鲮..鹼邁
0012583248  54 00 46 00 53 00 87 65  F6 4E 00 00 FB 7C DF 7E   第8??.~1PPT ..5R
0012583264  B5 DA 38 BD B2 2D 7E 31  50 50 54 20 00 13 35 52   .G.G..搭fD?.~?B.
0012583280  05 47 05 47 00 00 93 55  66 44 BF 04 00 88 42 00   B.N?~xQb`.Y..?Hh
0012583296  42 0B 4E CF 7E 78 51 62  60 0D 59 00 87 48 68      煝罶.g..p..p.t.
0012583312  8B 4F E3 89 90 67 2E 00  70 00 00 70 00 74 00      ., {9.??.鹼.-..?N.
0012583328  01 2C 7B 39 00 B2 8B 2D  00 2D 00 0F 00 87 4E 00   T.F.S.嗅鲮..鹼邁
0012583344  54 00 46 00 53 00 87 65  F6 4E 00 00 FB 7C DF 7E   第9??.~1PPT ..5R
0012583360  B5 DA 39 BD B2 2D 7E 31  50 50 54 20 00 19 35 52   .G.G..%?垃?..?..
0012583376  05 47 05 47 00 00 25 92  89 46 E8 08 00 EC 0A 00
```

图 2-29　FDT 底层数据结构

对于发生格式化后的分区，使用R-Studio选中分区并双击进入分区根目录是看不到任何数据的，因为在对分区进行过格式化操作之后，文件系统底层结构以FAT32为例，"FDT"文件目录表在格式化之后被清空。所以分区根目录将无法显示任何数据文件。

第三步：使用R-Studio的Scan功能对故障存储介质进行底层的逻辑扫描，如图2-30所示。

选中故障分区并右击，或单击工具栏中的"Scan"按钮，对故障分区进行底层逻辑分析扫描。

对扫描功能进行相关参数设置，如图2-31所示。

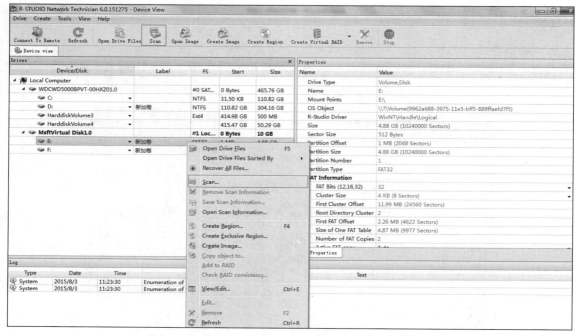

图 2-30　R-Studio 逻辑扫描

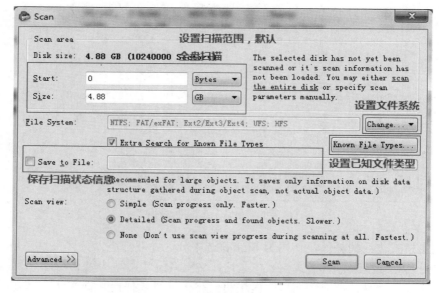

图 2-31　Scan 参数设置

a. 可以设置扫描范围，默认设置全盘扫描，没有必要更改。

b. 对于已知文件系统类型选择节省功过时间，可以保持默认全选，如图 2-32 所示。

c. 已知待恢复的文件类型，如恢复图片，可以指定图片类型进行恢复，如图 2-33 所示。

d. 保存扫描状态信息，如果突遇断电等情况，将会导致当前工作状态丢失。为确保工作状态不会丢失，且方便日后再次查看工作过程，在扫描之时需保存当前的工作状态日志，如图 2-34 所示。

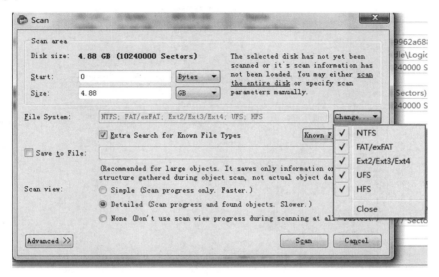

图 2-32　文件系统选择

图 2-33　指定文件类型

第四步：开始扫描，待扫描结束后，之前丢失的分区及丢失的文件将会被扫描出来，即可完成数据恢复，如图 2-35 所示。

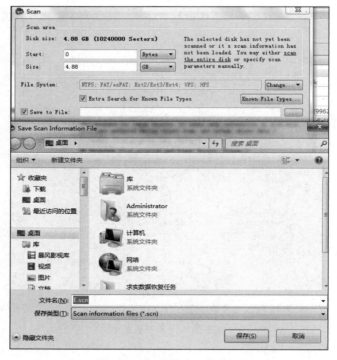

图 2-34　扫描状态日志保存

图 2-35　扫描出的文件

第五步：扫描完毕之后丢失的文件或者丢失的分区将被显示出来，即可恢复想要恢复的文件，方法和单元 2 所讲内容相同，在此不过多说明。扫描结果如图 2-36 所示。

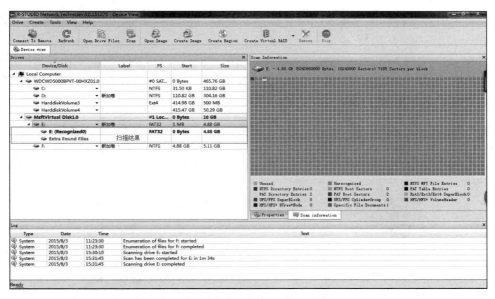

图 2-36　扫描后结果

 经验分享

所有逻辑类故障均可使用 R-Studio 提供的 "Scan" 底层逻辑扫描功能进行数据恢复。

 知识链接

FAT32 文件系统数据存储原理

使用底层编辑软件 WinHex 解析对应分区。分区的 DBR，如图 2-37 所示。

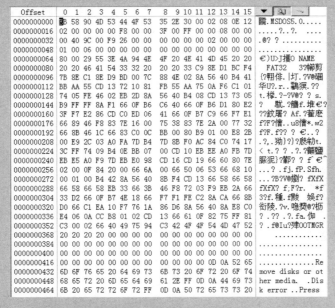

图 2-37　分区 DBR 结构

通过 DBR 可以得知 5 个参数分别为保留扇区数、FAT 个数、FAT 大小（扇区）、每簇扇区数、根目录首簇号。

FAT32 文件系统从逻辑上来说，大致可分为 3 个结构：DBR、FAT、FDT。根据 FAT32 文件系统底层逻辑示意图，可以定位到 FAT32 文件系统的各个逻辑结构，如图 2-38 所示。

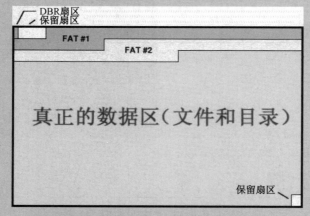

图 2-38　FAT32 文件系统底层逻辑关系图

对于 FAT32 文件系统来说，向 FAT32 文件系统分区内存放一个数据文件，应由 FAT 为其分配存储空间及簇，FDT 用于记载该文件的相关属性。

 **任务验收**

评价内容	评价标准
数据恢复结果	经客户验证，成功恢复因客户误格式化而丢失的数据，数据较为完整，个别文件出现乱码的情况属于正常现象。数据恢复完成后，做好了数据销毁工作确保客户数据不被泄露
在规定时间内完成数据恢复任务	在与客户约定的时间内成功恢复客户所需数据，客户验证无误
正确使用恢复工具	在实施数据恢复任务过程中，规范操作，按照正确的方法对客户存储介质进行操作以免造成二次破坏
客户是否满意	数据恢复完成后，发现有少量文件损坏，属于正常现象，客户表示可以接受，客户表示对此次服务非常满意

知识拓展

手工提取 FAT32 文件系统根目录下的数据

根据本单元的学习，了解 FAT32 文件系统底层数据存储原理，可以通过手工的方式，在硬盘底层定位某文件并手工提取。

第一步：使用十六进制底层编辑软件 WinHex 解析磁盘，定位到 DBR 位置，如图 2-39 所示。

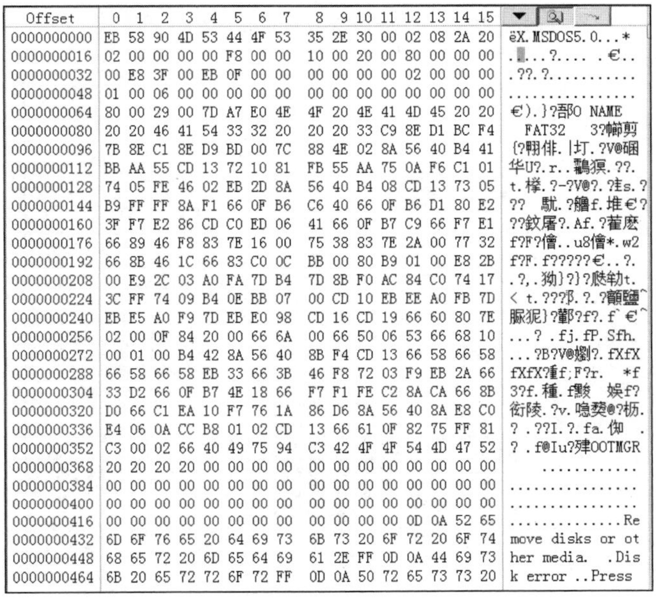

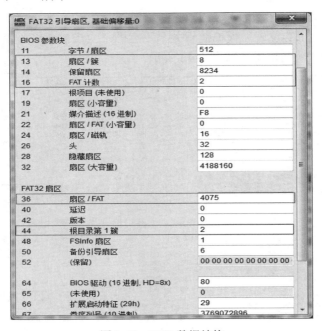

图 2-39 分区 DBR

第二步：根据 DBR 得到上述 5 个参数，可以通过 WinHex 自带的模板解析功能解析当前 DBR 引导扇区，如图 2-40 所示。

图 2-40 DBR 数据结构

第三步：由此位置向小调整"保留扇区数"，根据逻辑关系示意图，当前位置为 FAT 位置，如图 2-41 所示。

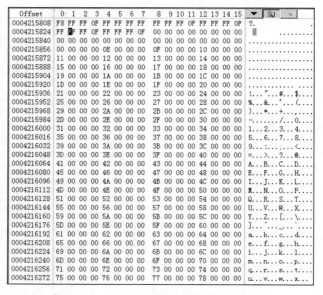

图 2-41　FAT 底层数据结构

FAT 的功能如下。

（1）记录磁盘类型。

（2）记录文件占用的各簇簇号。

（3）可用簇和坏簇。

第四步：跳转至 FDT 位置。根据逻辑关系示意图，由当前 FAT 位置向下调整 FAT 大小的扇区数，来到 FAT2 所在位置，如图 2-42 所示。

0008388608	D0 C2 BC D3 BE ED 20 20	20 20 20 08 00 00 00 00	新加卷　　.．．．．
0008388624	00 00 00 00 00 00 7A 72	78 45 00 00 00 00 00 00	......zrxE....
0008388640	41 5C 4F 1A 4E 00 00 FF	FF FF FF 0F 00 5C FF FF	A\O.N.　. .\
0008388656	FF FF FF FF FF FF FF FF	FF FF 00 00 FF FF FF FF	....
0008388672	D7 F7 D2 B5 20 20 20 20	20 20 20 10 00 37 80 72	作业　　..7€r
0008388688	78 45 78 45 00 00 81 72	78 45 03 00 00 00 00 00	xExE...rxE....
0008388704	41 87 65 63 68 00 00 FF	FF FF FF 0F 00 35 FF FF	A?ech.　.5
0008388720	FF FF FF FF FF FF FF FF	FF FF 00 00 FF FF FF FF	....
0008388736	CE C4 B5 B5 20 20 20 20	20 20 20 10 00 74 83 72	文档　　..t情r
0008388752	78 45 78 45 00 00 84 72	78 45 04 00 00 00 00 00	xExE..到xE....
0008388768	41 BA 8B 87 65 44 8D 99	65 00 00 0F 00 50 FF FF	A?嬀eD.?e....P
0008388784	FF FF FF FF FF FF FF FF	FF FF 00 00 FF FF FF FF	....
0008388800	C2 DB CE C4 D7 CA C1 CF	20 20 20 10 00 AD 85 72	论文资料　..?卯
0008388816	78 45 78 45 00 00 86 72	78 45 05 00 00 00 00 00	xExE..啍xE....
0008388832	E5 4E 67 F3 60 2D 00 D5	6B 1A 4E 0F 00 88 BE 8B	錘g?`-.?k.N..?繋
0008388848	A1 8B 2E 00 64 00 6F 00	63 00 00 00 00 FF FF	.d.o.c...
0008388864	E5 EE CF EB 2D 7E 31 20	44 4F 43 20 00 79 41 72	房想-~1 DOC .yAr
0008388880	78 45 78 45 00 00 59 72	78 45 06 00 00 68 00 00	xExE..YrxE..h..
0008388896	49 4D 47 30 20 20 20 20	4A 50 47 20 18 4C 91 72	IMG0　　JPG .L怪
0008388912	78 45 85 45 00 00 27 60	CB 3A 0D 00 AB CF 09 00	xE区..'`?.忙.
0008388928	00 00 00 00 00 00 00 00	00 00 00 00 00 00 00 00	....
0008388944	00 00 00 00 00 00 00 00	00 00 00 00 00 00 00 00	....
0008388960	00 00 00 00 00 00 00 00	00 00 00 00 00 00 00 00	....
0008388976	00 00 00 00 00 00 00 00	00 00 00 00 00 00 00 00	....
0008388992	00 00 00 00 00 00 00 00	00 00 00 00 00 00 00 00	....
0008389008	00 00 00 00 00 00 00 00	00 00 00 00 00 00 00 00	....
0008389024	00 00 00 00 00 00 00 00	00 00 00 00 00 00 00 00	....
0008389040	00 00 00 00 00 00 00 00	00 00 00 00 00 00 00 00	....

图 2-42　FDT 底层数据结构

在图中红色选框选中一个文件，根据前面学习的知识可以得知，此文件是一张图片，文件名称为“IMG0.JPG”，存放于根目录下。

手工定位提取文件，需要知道文件数据区的起始位置及文件的大小。FDT 中这些信息都有记载，如图 2-43 所示。

```
49 4D 47 30 20 20 20 20  4A 50 47 20 18 4C 91 72 | IMG0    JPG .L惶
78 45 85 45 00 00 27 60  CB 3A 0D 00 AB CF 09 00 | xE匥..'`? ..忓..
```

图 2-43　FDT 结构分析

图中红色选框“00 00 0D 00”为文件的起始簇号，蓝色选框“00 09 CF AB”为文件的大小，单位为字节。

因为有公式文件数据区的地址=（文件簇号—根目录首簇号）×每簇扇区数，而此公式所需所有参数在 DBR 中均可得到，如此就可以定位到文件的起始位置了。

将参数代入公式即文件数据区的位置=（13-2）×8；文件相对于 FDT 位置向下偏移 88 扇区为该图片文件数据区的起始位置，如图 2-44 所示。

```
0008433664  FF D8 FF E0 00 10 4A 46  49 46 00 01 02 01 00 60  ?   ..JFIF.....
0008433680  00 60 00 00 FF E1 10 C6  45 78 69 66 00 00 4D 4D  .`..  .?Exif..MM
0008433696  00 2A 00 00 00 08 00 03  87 69 00 04 00 00 00 01  .*......嘙.....
0008433712  00 00 08 3E 9C 9D 00 01  00 00 00 62 00 00 10 5C  ...>? .....b...\
0008433728  EA 1C 00 07 00 00 08 0C  00 00 00 32 00 00 00 00  ? .........2....
0008433744  1C EA 00 00 00 08 00 00  00 00 00 00 00 00 00 00  .?..............
0008433760  00 00 00 00 00 00 00 00  00 00 00 00 00 00 00 00  ................
0008433776  00 00 00 00 00 00 00 00  00 00 00 00 00 00 00 00  ................
0008433792  00 00 00 00 00 00 00 00  00 00 00 00 00 00 00 00  ................
0008433808  00 00 00 00 00 00 00 00  00 00 00 00 00 00 00 00  ................
0008433824  00 00 00 00 00 00 00 00  00 00 00 00 00 00 00 00  ................
0008433840  00 00 00 00 00 00 00 00  00 00 00 00 00 00 00 00  ................
0008433856  00 00 00 00 00 00 00 00  00 00 00 00 00 00 00 00  ................
0008433872  00 00 00 00 00 00 00 00  00 00 00 00 00 00 00 00  ................
0008433888  00 00 00 00 00 00 00 00  00 00 00 00 00 00 00 00  ................
0008433904  00 00 00 00 00 00 00 00  00 00 00 00 00 00 00 00  ................
0008433920  00 00 00 00 00 00 00 00  00 00 00 00 00 00 00 00  ................
0008433936  00 00 00 00 00 00 00 00  00 00 00 00 00 00 00 00  ................
0008433952  00 00 00 00 00 00 00 00  00 00 00 00 00 00 00 00  ................
0008433968  00 00 00 00 00 00 00 00  00 00 00 00 00 00 00 00  ................
0008433984  00 00 00 00 00 00 00 00  00 00 00 00 00 00 00 00  ................
0008434000  00 00 00 00 00 00 00 00  00 00 00 00 00 00 00 00  ................
0008434016  00 00 00 00 00 00 00 00  00 00 00 00 00 00 00 00  ................
0008434032  00 00 00 00 00 00 00 00  00 00 00 00 00 00 00 00  ................
0008434048  00 00 00 00 00 00 00 00  00 00 00 00 00 00 00 00  ................
0008434064  00 00 00 00 00 00 00 00  00 00 00 00 00 00 00 00  ................
```

图 2-44　文件数据区的起始位置

由此得知文件数据区的起始位置，得知文件的大小，使用 WinHex 辅助功能即可将文件由硬盘底层手工提取出来。

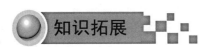

知识拓展

FAT 文件系统格式化前后对比，如图 2-45～图 2-50 所示。

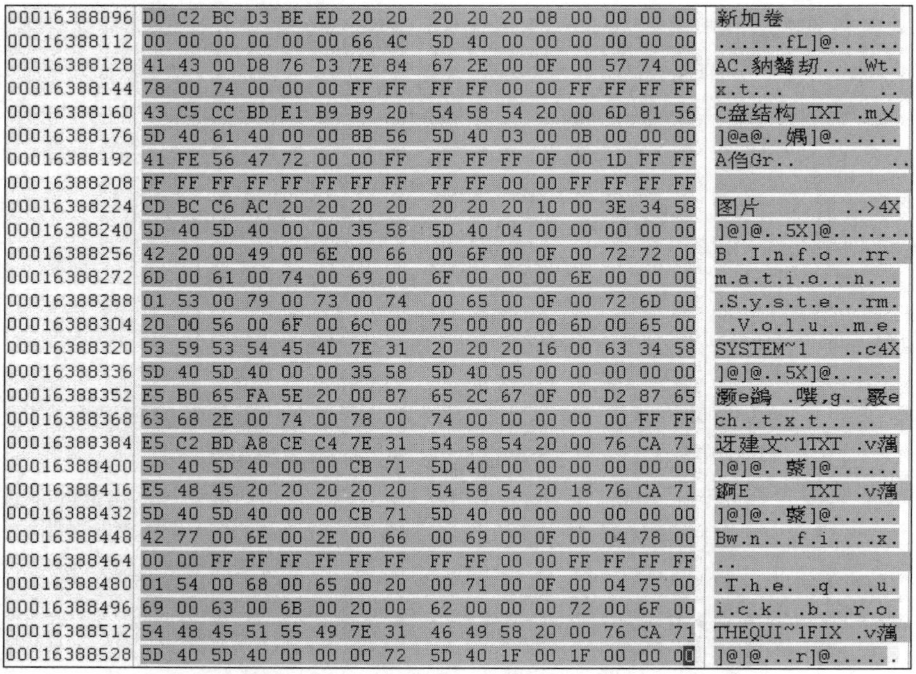

```
00016388096  D0 C2 BC D3 BE ED 20 20  20 20 20 08 00 00 00 00   新加卷     .....
00016388112  00 00 00 00 00 00 66 4C  5D 40 00 00 00 00 00 00   ......fL]@.....
00016388128  41 43 00 D8 76 D3 7E 84  67 2E 00 0F 00 57 74 00   AC.豞髷刼g...Wt.
00016388144  78 00 74 00 00 00 FF FF  FF FF 00 00 FF FF FF FF   x.t....   ..
00016388160  43 C5 CC BD E1 B9 B9 20  54 58 54 20 00 6D 81 56   C盘结构 TXT .m乂
00016388176  5D 40 61 40 00 00 8B 56  5D 40 03 00 0B 00 00 00   ]@a@..媷]@.....
00016388192  41 FE 56 47 72 00 00 FF  FF FF FF 0F 00 1D FF FF   A�ög.. ..
00016388208  FF FF FF FF FF FF FF FF  FF FF 00 00 FF FF FF FF   ...
00016388224  CD BC C6 AC 20 20 20 20  20 20 20 10 00 3E 34 58   图片    ..>4X
00016388240  5D 40 5D 40 00 00 35 58  5D 40 04 00 00 00 00 00   ]@]@..5X]@.....
00016388256  42 20 00 49 00 6E 00 66  00 6F 00 0F 00 72 72 00   B .I.n.f.o...rr.
00016388272  6D 00 61 00 74 00 69 00  6F 00 00 00 6E 00 00 00   m.a.t.i.o...n...
00016388288  01 53 00 79 00 73 00 74  00 65 00 0F 00 72 6D 00   .S.y.s.t.e...rm.
00016388304  20 00 56 00 6F 00 6C 00  75 00 00 00 6D 00 65 00    .V.o.l.u...m.e.
00016388320  53 59 53 54 45 4D 7E 31  20 20 20 16 00 63 34 58   SYSTEM~1   .c4X
00016388336  5D 40 5D 40 00 00 35 58  5D 40 05 00 00 00 00 00   ]@]@..5X]@.....
00016388352  E5 B0 65 FA 5E 20 00 87  65 2C 67 0F 00 D2 87 65   灏e鸥 .噗,g..聚e
00016388368  63 68 2E 00 74 00 78 00  74 00 00 00 00 00 FF FF   ch..t.x.t.....
00016388384  E5 C2 BD A8 CE C4 7E 31  54 58 54 20 00 76 CA 71   迊建文~1TXT .v薷
00016388400  5D 40 5D 40 00 00 CB 71  5D 40 00 00 00 00 00 00   ]@]@..聚]@.....
00016388416  E5 48 45 20 20 20 20 20  54 58 54 20 18 76 CA 71   鍣E   TXT .v薷
00016388432  5D 40 5D 40 00 00 CB 71  5D 40 00 00 00 00 00 00   ]@]@..聚]@.....
00016388448  42 77 00 6E 00 2E 00 66  00 69 00 0F 00 04 78 00   Bw.n...f.i...x.
00016388464  00 00 FF FF FF FF FF FF  FF FF 00 00 FF FF FF FF   ..
00016388480  01 54 00 68 00 65 00 20  00 71 00 0F 00 04 75 00   .T.h.e. .q...u.
00016388496  69 00 63 00 6B 00 20 00  62 00 00 00 72 00 6F 00   i.c.k. .b...r.o.
00016388512  54 48 45 51 55 49 7E 31  46 49 58 20 00 76 CA 71   THEQUI~1FIX .v薷
00016388528  5D 40 5D 40 00 00 72 5D  40 1F 00 1F 00 00 00 00   ]@]@..r]@.....
```

图 2-45　根目录区数据（格式化前）

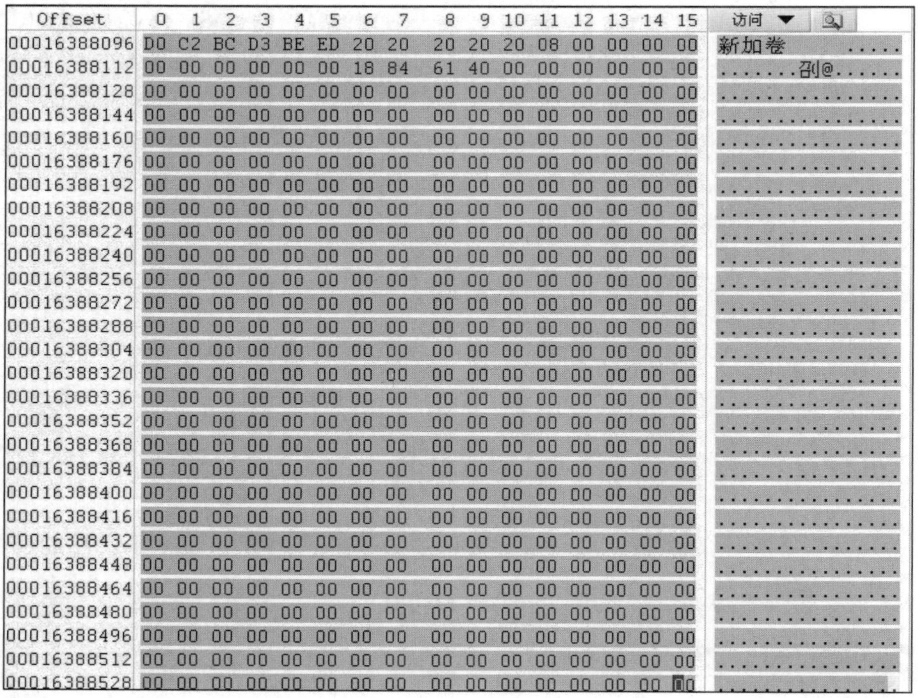

```
Offset       0  1  2  3  4  5  6  7   8  9 10 11 12 13 14 15   访问 ▼ 🔍
00016388096  D0 C2 BC D3 BE ED 20 20  20 20 20 08 00 00 00 00   新加卷     .....
00016388112  00 00 00 00 00 00 18 84  61 40 00 00 00 00 00 00   ......刓a@.....
00016388128  00 00 00 00 00 00 00 00  00 00 00 00 00 00 00 00   ...............
00016388144  00 00 00 00 00 00 00 00  00 00 00 00 00 00 00 00   ...............
00016388160  00 00 00 00 00 00 00 00  00 00 00 00 00 00 00 00   ...............
00016388176  00 00 00 00 00 00 00 00  00 00 00 00 00 00 00 00   ...............
00016388192  00 00 00 00 00 00 00 00  00 00 00 00 00 00 00 00   ...............
00016388208  00 00 00 00 00 00 00 00  00 00 00 00 00 00 00 00   ...............
00016388224  00 00 00 00 00 00 00 00  00 00 00 00 00 00 00 00   ...............
00016388240  00 00 00 00 00 00 00 00  00 00 00 00 00 00 00 00   ...............
00016388256  00 00 00 00 00 00 00 00  00 00 00 00 00 00 00 00   ...............
00016388272  00 00 00 00 00 00 00 00  00 00 00 00 00 00 00 00   ...............
00016388288  00 00 00 00 00 00 00 00  00 00 00 00 00 00 00 00   ...............
00016388304  00 00 00 00 00 00 00 00  00 00 00 00 00 00 00 00   ...............
00016388320  00 00 00 00 00 00 00 00  00 00 00 00 00 00 00 00   ...............
00016388336  00 00 00 00 00 00 00 00  00 00 00 00 00 00 00 00   ...............
00016388352  00 00 00 00 00 00 00 00  00 00 00 00 00 00 00 00   ...............
00016388368  00 00 00 00 00 00 00 00  00 00 00 00 00 00 00 00   ...............
00016388384  00 00 00 00 00 00 00 00  00 00 00 00 00 00 00 00   ...............
00016388400  00 00 00 00 00 00 00 00  00 00 00 00 00 00 00 00   ...............
00016388416  00 00 00 00 00 00 00 00  00 00 00 00 00 00 00 00   ...............
00016388432  00 00 00 00 00 00 00 00  00 00 00 00 00 00 00 00   ...............
00016388448  00 00 00 00 00 00 00 00  00 00 00 00 00 00 00 00   ...............
00016388464  00 00 00 00 00 00 00 00  00 00 00 00 00 00 00 00   ...............
00016388480  00 00 00 00 00 00 00 00  00 00 00 00 00 00 00 00   ...............
00016388496  00 00 00 00 00 00 00 00  00 00 00 00 00 00 00 00   ...............
00016388512  00 00 00 00 00 00 00 00  00 00 00 00 00 00 00 00   ...............
00016388528  00 00 00 00 00 00 00 00  00 00 00 00 00 00 00 00   ...............
```

图 2-46　根目录区数据（格式化后）

```
00000017408 F8 FF FF 0F FF FF FF FF  FF FF FF 0F FF FF FF 0F   ? .
00000017424 FF FF FF 0F FF FF FF 0F  FF FF FF 0F FF FF FF 0F   . .
00000017440 09 00 00 00 0A 00 00 00  FF FF FF 0F 0C 00 00 00   ....... .
00000017456 FF FF FF 0F 0E 00 00 00  0F 00 00 00 10 00 00 00   ......
00000017472 11 00 00 00 12 00 00 00  FF FF FF 0F 14 00 00 00   ........
00000017488 15 00 00 00 16 00 00 00  17 00 00 00 18 00 00 00   ........
00000017504 19 00 00 00 FF FF FF 0F  FF FF FF 0F FF FF FF 0F   ....
00000017520 FF FF FF 0F FF FF FF 0F  FF FF FF 0F FF FF FF 0F   . .
00000017536 21 00 00 00 22 00 00 00  23 00 00 00 24 00 00 00   !..."...#...$...
00000017552 25 00 00 00 26 00 00 00  27 00 00 00 28 00 00 00   %...&...'...(...
00000017568 29 00 00 00 2A 00 00 00  2B 00 00 00 2C 00 00 00   )...*...+...,...
00000017584 2D 00 00 00 2E 00 00 00  2F 00 00 00 30 00 00 00   -.../...0...
00000017600 31 00 00 00 32 00 00 00  33 00 00 00 34 00 00 00   1...2...3...4...
00000017616 35 00 00 00 36 00 00 00  37 00 00 00 38 00 00 00   5...6...7...8...
00000017632 39 00 00 00 3A 00 00 00  3B 00 00 00 3C 00 00 00   9...:...;...<...
00000017648 3D 00 00 00 3E 00 00 00  3F 00 00 00 FF FF FF 0F   =...>...?...
00000017664 41 00 00 00 42 00 00 00  43 00 00 00 44 00 00 00   A...B...C...D...
00000017680 45 00 00 00 46 00 00 00  47 00 00 00 48 00 00 00   E...F...G...H...
00000017696 49 00 00 00 4A 00 00 00  4B 00 00 00 4C 00 00 00   I...J...K...L...
00000017712 4D 00 00 00 4E 00 00 00  4F 00 00 00 50 00 00 00   M...N...O...P...
00000017728 51 00 00 00 52 00 00 00  53 00 00 00 54 00 00 00   Q...R...S...T...
00000017744 55 00 00 00 56 00 00 00  57 00 00 00 58 00 00 00   U...V...W...X...
00000017760 59 00 00 00 5A 00 00 00  5B 00 00 00 5C 00 00 00   Y...Z...[...\...
00000017776 5D 00 00 00 5E 00 00 00  5F 00 00 00 60 00 00 00   ]...^..._...`...
00000017792 61 00 00 00 62 00 00 00  63 00 00 00 64 00 00 00   a...b...c...d...
```

图 2-47 FAT 区数据（格式化前）

```
Offset       0  1  2  3  4  5  6  7   8  9 10 11 12 13 14 15   访问 ▼
00000017408 F8 FF FF 0F FF FF FF FF  FF FF FF 0F 00 00 00 00   ? .
00000017424 00 00 00 00 00 00 00 00  00 00 00 00 00 00 00 00   ................
00000017440 00 00 00 00 00 00 00 00  00 00 00 00 00 00 00 00   ................
00000017456 00 00 00 00 00 00 00 00  00 00 00 00 00 00 00 00   ................
00000017472 00 00 00 00 00 00 00 00  00 00 00 00 00 00 00 00   ................
00000017488 00 00 00 00 00 00 00 00  00 00 00 00 00 00 00 00   ................
00000017504 00 00 00 00 00 00 00 00  00 00 00 00 00 00 00 00   ................
00000017520 00 00 00 00 00 00 00 00  00 00 00 00 00 00 00 00   ................
00000017536 00 00 00 00 00 00 00 00  00 00 00 00 00 00 00 00   ................
00000017552 00 00 00 00 00 00 00 00  00 00 00 00 00 00 00 00   ................
00000017568 00 00 00 00 00 00 00 00  00 00 00 00 00 00 00 00   ................
00000017584 00 00 00 00 00 00 00 00  00 00 00 00 00 00 00 00   ................
00000017600 00 00 00 00 00 00 00 00  00 00 00 00 00 00 00 00   ................
00000017616 00 00 00 00 00 00 00 00  00 00 00 00 00 00 00 00   ................
00000017632 00 00 00 00 00 00 00 00  00 00 00 00 00 00 00 00   ................
00000017648 00 00 00 00 00 00 00 00  00 00 00 00 00 00 00 00   ................
00000017664 00 00 00 00 00 00 00 00  00 00 00 00 00 00 00 00   ................
00000017680 00 00 00 00 00 00 00 00  00 00 00 00 00 00 00 00   ................
00000017696 00 00 00 00 00 00 00 00  00 00 00 00 00 00 00 00   ................
00000017712 00 00 00 00 00 00 00 00  00 00 00 00 00 00 00 00   ................
00000017728 00 00 00 00 00 00 00 00  00 00 00 00 00 00 00 00   ................
00000017744 00 00 00 00 00 00 00 00  00 00 00 00 00 00 00 00   ................
00000017760 00 00 00 00 00 00 00 00  00 00 00 00 00 00 00 00   ................
00000017776 00 00 00 00 00 00 00 00  00 00 00 00 00 00 00 00   ................
00000017792 00 00 00 00 00 00 00 00  00 00 00 00 00 00 00 00   ................
```

图 2-48 FAT 区数据（格式化后）

```
00073486336  D4 DA B9 C9 C6 B1 CA D0  B3 A1 B5 C4 C0 FA CA B7   在股票市场的历史
00073486352  D6 D0 A3 AC BD F6 D7 D0  35 BC D2 C3 C0 B9 FA B9   中，仅有5家美国
00073486368  AB CB BE D4 F8 BE AD CA  D0 D6 B5 35 30 30 30 CD   郊驹 胭兄?000
00073486384  F2 D2 DA C3 C0 D4 AA A3  AC B5 AB D5 E2 B8 F6 CA   蛞诔涝 砬抡飧鎏
00073486400  FD D7 D6 BD FC C8 D5 B1  BB B8 C4 D0 B4 C1 CB A1   纸 毡桓男戬恕
00073486416  A3 C3 BB B4 ED A3 AC B1  BE D6 DC C8 FD A3 AC C6   C准恚峋局觉 垰
00073486432  BB B9 FB B9 AB CB BE C6  D5 CD A8 B9 C9 B4 B4 CF   还 郊酒胀ü纱聪I
00073486448  C2 C1 CB 35 32 D6 DC D2  D4 C0 B4 B5 C4 D0 C2 B8   铝?2周以来的新I
00073486464  DF A1 AA A1 AA 35 34 37  2E 36 31 C3 C0 D4 AA A3   摺 ?47.61美元I£
00073486480  AC D2 BB BE D9 D4 BE C8  EB BA C0 C3 C5 A3 AC B3   姚痪僭救牒烂牛铈
00073486496  C9 CE AA CA D0 D6 B5 D7  EE B8 DF B5 C4 B9 AB B5   晒 兄底罡叩蕰郊
00073486512  BE D6 AE D2 BB A1 A3 B3  FD C1 CB D6 AE C7 B0 C4   局篿弧 3 酥魷澳
00073486528  C7 35 BC BC B2 B9 AB CB  BE D6 AE CD E2 A3 AC C4   ?家公司之外，目
00073486544  C7 B0 BB B9 C3 BB D3 D0  C8 CE BA CE D2 BB BC D2   前还没有任何一家
00073486560  B9 AB CB BE C4 DC B9 BB  B4 EF B5 BD C6 BB B9 FB   公司能够达到苹果
00073486576  B5 C4 B8 DF B6 C8 A1 A3  0D 0A 32 30 30 37 C4 EA   的高度。..2007年
00073486592  C4 EA B5 D7 A3 AC 45 78  78 6F 6E A3 A8 B0 A3 BF   年底，Exxon（埃
00073486608  CB C9 AD CA AF D3 CD B9  AB CB BE A3 A9 B7 D6 B1   松胭 凸郊荆┐ 直
00073486624  F0 D4 DA C1 BD B8 F6 B2  BB CD AC CA B1 C6 DA B4   鹩谀礁藿煌颏逼违
00073486640  EF B5 BD C1 CB CA D0 D6  B5 35 30 30 30 CD F2 D2   铜揽耸?000万I○
00073486656  DA C3 C0 D4 AA A3 AC B5  AB C4 BF C7 B0 CB FB C3   诔涝 砬凇壳八
00073486672  C7 BD F6 D6 B5 34 31 31  30 D2 DA C3 C0 D4 AA A3   墙鲋?110亿美元I£
00073486688  BB 31 39 39 39 C4 EA B5  D7 BA CD 32 30 30 30 C4   ?999年底和2000I
00073486704  EA B3 F5 B5 C4 CA B1 BA  F2 A3 AC CE A2 C8 ED B9   颋醍氖焙颍铲(4)者
```

图 2-49 真正的数据区（格式化前）

```
Offset       0  1  2  3  4  5  6  7   8  9 10 11 12 13 14 15    访问 ▼ 🔍
00073486336  D4 DA B9 C9 C6 B1 CA D0  B3 A1 B5 C4 C0 FA CA B7   在股票市场的历史
00073486352  D6 D0 A3 AC BD F6 D7 D0  35 BC D2 C3 C0 B9 FA B9   中，仅有5家美国
00073486368  AB CB BE D4 F8 BE AD CA  D0 D6 B5 35 30 30 30 CD   郊驹 胭兄?000
00073486384  F2 D2 DA C3 C0 D4 AA A3  AC B5 AB D5 E2 B8 F6 CA   蛞诔涝 砬抡飧鎏
00073486400  FD D7 D6 BD FC C8 D5 B1  BB B8 C4 D0 B4 C1 CB A1   纸 毡桓男戬恕
00073486416  A3 C3 BB B4 ED A3 AC B1  BE D6 DC C8 FD A3 AC C6   C准恚峋局觉 垰
00073486432  BB B9 FB B9 AB CB BE C6  D5 CD A8 B9 C9 B4 B4 CF   还 郊酒胀ü纱聪I
00073486448  C2 C1 CB 35 32 D6 DC D2  D4 C0 B4 B5 C4 D0 C2 B8   铝?2周以来的新I
00073486464  DF A1 AA A1 AA 35 34 37  2E 36 31 C3 C0 D4 AA A3   摺 ?47.61美元I£
00073486480  AC D2 BB BE D9 D4 BE C8  EB BA C0 C3 C5 A3 AC B3   姚痪僭救牒烂牛铈
00073486496  C9 CE AA CA D0 D6 B5 D7  EE B8 DF B5 C4 B9 AB B5   晒 兄底罡叩蕰郊
00073486512  BE D6 AE D2 BB A1 A3 B3  FD C1 CB D6 AE C7 B0 C4   局篿弧 3 酥魷澳
00073486528  C7 35 BC BC B2 B9 AB CB  BE D6 AE CD E2 A3 AC C4   ?家公司之外，目
00073486544  C7 B0 BB B9 C3 BB D3 D0  C8 CE BA CE D2 BB BC D2   前还没有任何一家
00073486560  B9 AB CB BE C4 DC B9 BB  B4 EF B5 BD C6 BB B9 FB   公司能够达到苹果
00073486576  B5 C4 B8 DF B6 C8 A1 A3  0D 0A 32 30 30 37 C4 EA   的高度。..2007年
00073486592  C4 EA B5 D7 A3 AC 45 78  78 6F 6E A3 A8 B0 A3 BF   年底，Exxon（埃
00073486608  CB C9 AD CA AF D3 CD B9  AB CB BE A3 A9 B7 D6 B1   松胭 凸郊荆┐ 直
00073486624  F0 D4 DA C1 BD B8 F6 B2  BB CD AC CA B1 C6 DA B4   鹩谀礁藿煌颏逼违
00073486640  EF B5 BD C1 CB CA D0 D6  B5 35 30 30 30 CD F2 D2   铜揽耸?000万I○
00073486656  DA C3 C0 D4 AA A3 AC B5  AB C4 BF C7 B0 CB FB C3   诔涝 砬凇壳八
00073486672  C7 BD F6 D6 B5 34 31 31  30 D2 DA C3 C0 D4 AA A3   墙鲋?110亿美元I£
00073486688  BB 31 39 39 39 C4 EA B5  D7 BA CD 32 30 30 30 C4   ?999年底和2000I
00073486704  EA B3 F5 B5 C4 CA B1 BA  F2 A3 AC CE A2 C8 ED B9   颋醍氖焙颍铲(4)者
```

图 2-50 真正的数据区（格式化后）

 经验分享

格式化（高格）恢复方法原理分析

文件误格式化（高格）以后，虽然根目录数据被清除了，但是子目录和数据区数据没有

被清除，根据目录的树状结构，仍旧可以重构出完整的目录结构图，从而完成格式化后的数据恢复。

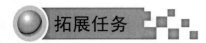

使用 EasyRecovery 数据恢复软件的"格式化恢复"功能，完成因格式化数据而导致数据丢失的故障存储介质，如图 2-51 所示。

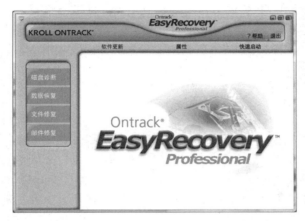

图 2-51　EasyRecovery 主界面

任务 3　磁盘分区表故障数据恢复

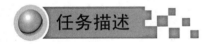

配套资源

根据客户对报修故障硬盘的描述，发现其所用的台式计算机硬盘的分区分配不合理，随后在调整硬盘分区的过程中计算机突然死机，重新开机后发现系统中只有分区 C，其他分区全部消失了。客户回忆并未再做其他操作。客户想恢复其他磁盘中的数据。现将硬盘委托于你，需要先对硬盘进行初步检测，判断硬盘的基本状况。

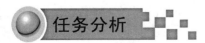

对于此类故障，首先通过认真地听取客户的描述，初步判断硬盘的故障类型并进行检测，切忌对硬盘造成二次破坏。为了确保客户数据的安全需要借助专业工具与软件，如 WinHex、

PC3000 等，对硬盘进行底层扇区扫描从而判断故障类型。客户进行分区操作的说明信息，可以判断是磁盘的分区表出现问题导致的。只要将磁盘的分区信息恢复，硬盘中的数据就可以恢复了。

制定解决方案

（1）使用 WinHex 软件进行硬盘分区信息的分析如：MBR、EBR、DBR。
（2）将 EBR 信息写在 MBR 的分区表信息处，将分区数据恢复。
（3）重新启动计算机，系统识别硬盘的信息。

任务实施

客户报修的故障硬盘为三星 700GB、接口类型为 SATA 的 3.5 英寸硬盘。对于这块硬盘，根据用户的描述，可以判断硬盘的磁头可以正常工作，磁头没有问题，否则 C 盘不能识别，初步判断是磁盘的分区信息错误所致。可以应用 WinHex 进行分区信息的故障分析与判断。使用 WinHex 对硬盘分区结构进行操作从而恢复其他磁盘分区的数据。

第一步：在计算机中查看硬盘的分区信息，如图 2-52 所示。通过观察可知，计算机中只有一个 C 盘驱动器，容量为 49GB，其他的逻辑分区全部消失。（新加卷 G：另一块磁盘驱动器。）

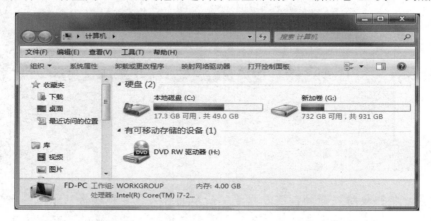

图 2-52　硬盘分区信息

第二步：启动 WinHex 软件，单击"Open Disk"按钮，如图 2-53 所示。

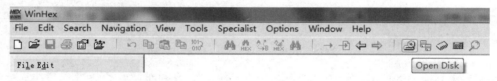

图 2-53　WinHex 软件界面

第三步：选择并打开修复的磁盘 SAMSUNG HN-M750MBB（三星），如图 2-54 所示。打开数据，如图 2-55 所示。

图 2-54　选择要修复的磁盘

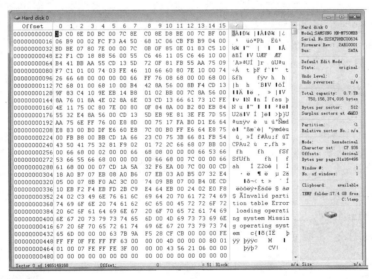

图 2-55　磁盘数据

知识链接

Windows 系统磁盘分区分类

系统磁盘分区主要分为主磁盘分区、扩展分区和逻辑分区。

（1）主磁盘分区，一般是安装操作系统使用，系统中最多只能安装 4 个主分区。

（2）扩展分区可以安装一个，它包含多个逻辑分区，如 D、E、F 等一般包含在其中，扩展分区只是一个管理逻辑分区的容器，不能直接存储数据，数据的存储是由逻辑分区完成的。

非 DOS 分区

非 DOS 分区一般不能和 Windows 系统分区进行数据访问，如 Linux 系统中的 EXT 分区类型。

经验分享

编辑分区表（不用模板）进行数据查找的方法如下。

（1）分区表：管理磁盘中存储空间的分配状况，信息一旦丢失，磁盘分区将消失。

（2）在 MBR 分区表中，分区表有 4 个，每个有 16 字节，如图 2-56 所示。

```
65 6D 00 00 00 63 7B 9A  F5 28 CF CB 00 00  00 FE
FF FF 0F FE FF FF 63 00  00 00 4D 00 00 00  80 01
01 00 07 FE FF FE 3F 00  00 00 43 56 21 06  00 00
00 00 00 00 00 00 00 00  00 00 00 00 00 00  55 AA
```

图 2-56　分区表

（3）一个分区结构如图 2-57 所示：如果分区信息是 0 则说明没有分区，图 2-56 只有两个分区，分别是 C 盘与扩展分区。分区的第一个字节指定是否为活动分区。如果是则指定数值为"80"，这里第二个分区数值"80"就是特指 C 盘。

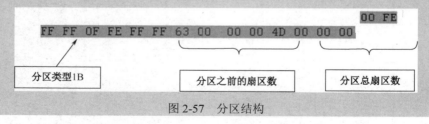

图 2-57　分区结构

第四步：使用 WinHex 的模板管理工具进行硬盘分区结构的分析。选择"View"菜单栏中的"Template Manager"选项，在弹出的对话框中选择"Master Boot Record"选项，打开 MBR 的模板，如图 2-58 所示。

知识链接

WinHex 模板

模板能够让数据恢复与分析变得更加方便与快捷，不用记忆繁琐的磁盘数据结构，打开的模板中每项数据结构的含义对应着相应的数值。

（1）模板支持多种磁盘分区架构，如 MBR 分区、GPT 分区。

（2）模板支持多种系统，如微软的 NTFS、FAT32 系统；Linux 系统的 EXT 文件系统等。

（3）模板是可编辑的对应图 2-58 中 Edit、New、Delete 菜单。

温馨提示

通过分析 MBR 的分区信息，可以知道是因为分区表信息丢失，而造成了其他分区数据的丢失。只要将其他分区的位置找到，并填写在 "partition Table Entry #1" 的 "sectors preceding partition 1" 中就可以将 D 盘分区内容找到，其他的磁盘分区的处理办法与此相同。

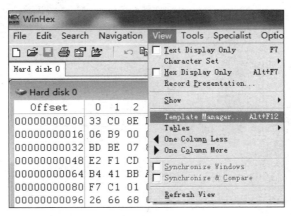

（a）"View" 菜单栏

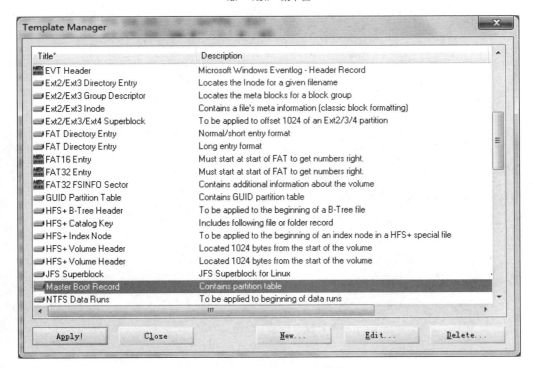

（b）"Template Manager" 对话框

图 2-58　硬盘分区结构

（c）MBR 模板

图 2-58　硬盘分区结构（续）

 知识链接

MBR 磁盘分区结构

MBR 磁盘分区也称为 DOS 分区，一般存储在磁盘的 0 柱面 0 磁头 1 扇区中，容量为一个扇区；可以应用在多种系统平台中，如 Linux 系统、UNIX 系统等。它分为如下 4 个部分。

（1）引导程序：引导计算机启动并进入操作系统。

（2）Windows 签名：硬盘初始化时写入的信息，如果没有它，硬盘可能无法启动。

（3）分区表：硬盘分区容量的分配表。

（4）结束标志：55AA 代表 MBR 的结束标记，如果没有这个标记，则系统将无法正常开机。

硬盘分区表在 WinHex 模板中的主要参数如表 2-2 所示：

表 2-2　模板参数

英 文 名 称	参 数 说 明
partition Table Entry #1	硬盘分区的第一号分区#1，#2 就是第二号分区
80=active partition	值 00 说明不是活动分区，活动分区就是系统启动分区，如磁盘分区 C:\，取值为 80
Partition type indicator（Hex）	磁盘的分区类型，常见的分区由 05H 代表扩展分区、07H 代表 NTFS 分区、0FH 大于 8GB 的扩展分区，此值为十六（Hex）进制数
sectors preceding partition 1	该分区之前使用过的扇区数量，一般是 DBR 的位置
sector in partition 1	分区的容量，单位是扇区
Start head	开始磁头数
Start sector	开始扇区数据
Start Cylinder	开始柱面数
End head	结束磁头数
End sector	结束扇区数
End Cylinder	结束柱面数

对于现代市面上的硬盘而言，开始与结束 head、sector、Cylinder 信息已经没有意义。

第五步：通过 WinHex 的 MBR 模板可知，将 C 磁盘分区的容量值"102848067+63"的和填写到扩展分区的"sectors preceding partition 1"的位置上；即将"partition Table Entry #2"处"sectors in partition2"数值"102848067"加上"sectors preceding partition 2"处值"63"之和添加到"sectors preceding partition 1"上。这样就可以实现分区表的重建，从而找回其他的分区数据。

经验分享

（1）MBR 分区表信息：只要指定了扩展分区（EBR）的位置，操作系统就可以找到对应的扩展分区，而分区容量系统自动识别，不用填写。

（2）MBR 与 EBR 的分区表出现错误时，分区信息可以到 DBR 分区中查询。DBR 的位置在 MBR 或者 EBR 之后的 63 号扇区中。其实现步骤如下：

第一步：跳转到 MBR 分区，单击"Go To Sector"按钮，输入数值"63"，单击"OK"按钮。跳转到 63 号扇区，如图 2-59 所示。

第二步：使用 WinHex 模板，选择"Boot Sector NTFS"选项，如图 2-60 所示。

第三步：单击"Apply"按钮，应用模板"Boot Sector NTFS"。"Total Sectors"对应的数值是 C 盘的分区容量，如图 2-61 所示。将这个数值加 1 后，填写在 MBR 中 C 盘对应的分区表中，这样即可找到其他的逻辑分区。

第四步：将数值"102848066+1=102848067"填充到 MBR 的 C 盘容量位置，如图 2-62 所示。

第五步：重新启动系统，系统重新识别磁盘分区。

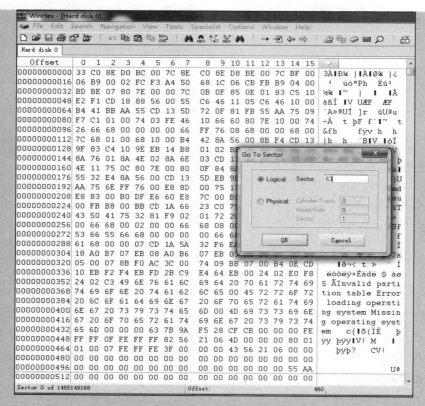

图 2-59　MBR 分区

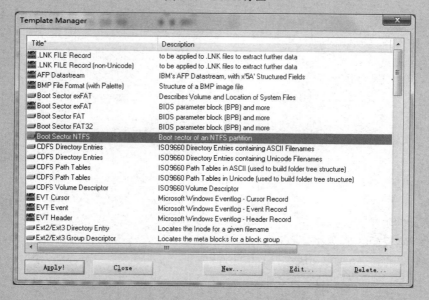

图 2-60　选择选项

Boot Sector NTFS, Base Offset: 32256

Offset	Title	Value
32256	JMP instruction	EB 52 90
32259	File system ID	NTFS
32267	Bytes per sector	512
32269	Sectors per cluster	8
32270	Reserved sectors	0
32272	(always zero)	00 00 00
32275	(unused)	00 00
32277	Media descriptor	F8
32278	(unused)	00 00
32280	Sectors per track	63
32282	Heads	255
32284	Hidden sectors	63
32288	(unused)	00 00 00 00
32292	(always 80 00 80 00)	80 00 80 00
32296	Total sectors	102848066
32304	Start C# $MFT	786432
32312	Start C# $MFTMirr	2
32320	FILE record size indicator	-10
32321	(unused)	0
32324	INDX buffer size indicator	1
32325	(unused)	0
32328	32-bit serial number (hex)	A4 73 10 84
32328	32-bit SN (hex, reversed)	841073A4
32328	64-bit serial number (hex)	A4 73 10 84 85 10 84 4C
32336	Checksum	0
32766	Signature (55 AA)	55 AA

图 2-61 Boot Sector NTFS 模板

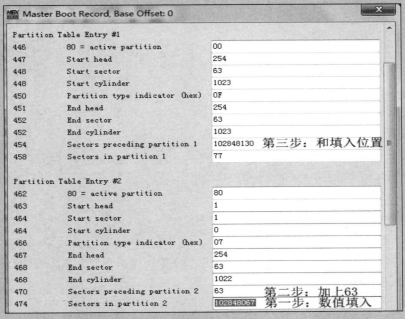

图 2-62 填充数值

知识链接

扩展磁盘分区

扩展磁盘分区（EBR）的结构类似 MBR，但只有 MBR 的分区表与结束标志。其起到分区表链接的作用，即指引到下一个分区表的位置及显示分区容量，也指定了当前分区的容量与位置。它一般位于主磁盘分区之后，而且有多个，每个扩展分区表后面有一个逻辑驱动分区表，对应的就是一个 DBR 分区，如图 2-63 和图 2-64 所示。

M B R	主磁盘分区	E B R 1	逻辑驱动器 1	E B R 2	逻辑驱动器 2

图 2-63

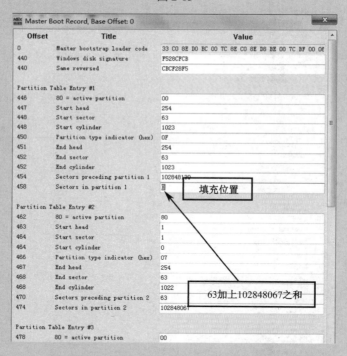

图 2-64　扩展分区的填充

第六步：关闭 MBR 模板属性面板，系统提示 MBR 已经更改是否保存信息；单击"Yes"按钮，确认保存，如图 2-65 所示。

第七步：关闭 WinHex 软件时，提示"磁盘 0 被更改，是否保存？"信息；单击"Yes"按钮进行保存，如图 2-66 所示。

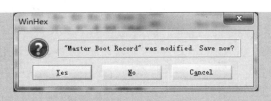

图 2-65　确认保存

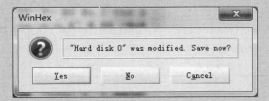

图 2-66　保存信息

第八步：系统继续提示"你确信想保存所有更改信息到磁盘中？"信息，此处单击"Yes"按钮。关闭 WinHex 软件同时重新启动计算机，使磁盘更改信息生效，如图 2-67 所示。

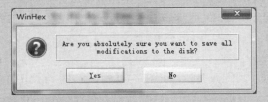

图 2-67　提示信息

第九步：打开"计算机"图标，显示分区信息，如图 2-68 所示。磁盘数据恢复成功。

图 2-68　分区信息

任务验收

评价内容	评价标准
硬盘检测结果	用专业硬盘软件 WinHex 进行硬盘底层分区表数据检测并成功重写分区表信息，同时通知客户检测结果
MBR 结构	能够找到 MBR 分区表信息，说明磁盘分区的容量、类型等参数
正确使用 WinHex 软件	在实施硬盘分区表数据检测任务中，熟练使用 WinHex 软件进行 MBR 检测、EBR 位置的切换
客户是否满意	硬盘分区表恢复成功后，演示汇总出磁盘的数据恢复状态，客户表示非常满意

知识拓展

    DBR 即 DOS 引导记录，它位于柱面 0，磁头 1，扇区 1；在磁盘分区结构中，它位于 MBR 之后的 63 号扇区中或者 EBR 之后的 63 号扇区中。DBR 分为两部分：DOS 引导程序和 BPB 参数。其中，DOS 引导程序完成 DOS 系统文件的定位与装载，而 BPB 用来描述本 DOS 分区的磁盘信息。由于它的作用重要，所以在每个逻辑分区或者主分区的最后一个扇区中都有它的一个备份存在。

    第一步：使用 WinHex 找到 MBR，如图 2-69 所示；跳转到 DBR，如图 2-70 所示。

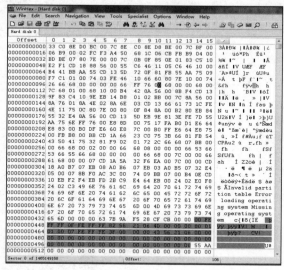

图 2-69　MBR

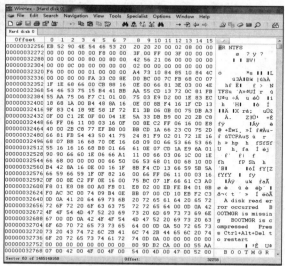

图 2-70　DBR

    第二步：主分区的最后一个分区也是一个 DBR 的备份，如图 2-71 所示。

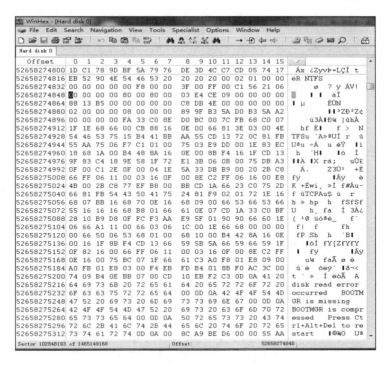

图 2-71　DBR 的备份

拓展任务

1. 手动分析磁盘的分区表结构（WinHex 实现）

1）分区结构

主磁盘分区 C 安装操作系统，扩展分区中有 3 个逻辑分区驱动器，编号分别是 D 盘、E 盘、F 盘，具体结构如图 2-72 所示。

卷	布局	类型	文件系统	状态	容量	可用空间	% 可用	容错	开销
☐ (C:)	简单	基本	NTFS	状态良好 (系统, 启动, 活动, 故障转储, 主分区)	49.04 GB	22.00 GB	45 %	否	0%
☐ (D:)	简单	基本	NTFS	状态良好 (页面文件, 主分区)	78.47 GB	38.25 GB	49 %	否	0%
☐ (E:)	简单	基本	NTFS	状态良好 (主分区)	79.20 GB	58.90 GB	74 %	否	0%
☐ (F:)	简单	基本	NTFS	状态良好 (主分区)	491.93 GB	164.63 GB	33 %	否	0%

磁盘 0				
基本 698.64 GB 联机	(C:) 49.04 GB NTFS 状态良好 (系统, 启动, 活动, 故障转	(D:) 78.47 GB NTFS 状态良好 (页面文件, 主分区)	(E:) 79.20 GB NTFS 状态良好 (主分区)	(F:) 491.93 GB NTFS 状态良好 (主分区)

图 2-72　分区结构

2）分区结构分析

（1）打开 MBR 分区表，使用 MBR 模板进行分析，如图 2-73 所示。

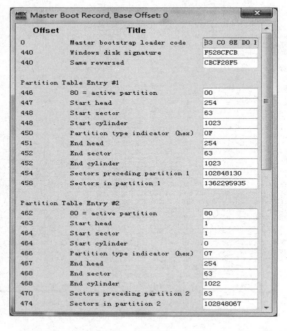

图 2-73　分析 MBR

（2）计算的下一个分区的位置就是 C 盘容量，即"102848067+63=102848130"。单击"Go To Sector"按钮，如图 2-74 所示，弹出"Go To Sector"对话框，输入"102848130"。单击"OK"按钮如图 2-75 所示。"1362295935"是下一个分区的容量。

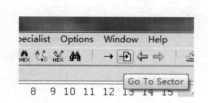

图 2-74　单击"Go To Sector"按钮　　　　图 2-75　"Go To Sector"对话框

（3）跳转到 102848130 扇区，如图 2-76 所示，并启动 MBR 的模板进行分区分析，如图 2-77 所示。

52658242816	00	00	00	00	00	00	00	00	00	00	00	00	00	00	00	00
52658242832	00	00	00	00	00	00	00	00	00	00	00	00	00	00	00	00
52658242848	00	00	00	00	00	00	00	00	00	00	00	00	00	00	00	00
52658242864	00	00	00	00	00	00	00	00	00	00	00	00	00	00	00	00
52658242880	00	00	00	00	00	00	00	00	00	00	00	00	00	00	00	00
52658242896	00	00	00	00	00	00	00	00	00	00	00	00	00	00	00	00
52658242912	00	00	00	00	00	00	00	00	00	00	00	00	00	00	00	00
52658242928	00	00	00	00	00	00	00	00	00	00	00	00	00	00	00	00
52658242944	00	00	00	00	00	00	00	00	00	00	00	00	00	00	00	00
52658242960	00	00	00	00	00	00	00	00	00	00	00	00	00	00	00	00
52658242976	00	00	00	00	00	00	00	00	00	00	00	00	00	00	00	00
52658242992	00	00	00	00	00	00	00	00	00	00	00	00	00	00	00	FE
52658243008	FF	FE	07	FE	FF	FE	3F	00	00	00	04	E4	CE	09	00	FE
52658243024	FF	FF	05	FE	FF	FF	43	E4	CE	09	A3	6C	E6	09	00	00
52658243040	00	00	00	00	00	00	00	00	00	00	00	00	00	00	00	00
52658243056	00	00	00	00	00	00	00	00	00	00	00	00	00	00	55	AA

图 2-76 扇区

模板显示 D 盘分区容量为 "164553732" 个扇区，就是 78GB。计算下一个扇区的地址，它是一个相对地址，是相对于第一个扩展分区的地址；相对地址为 164553732+63=164553795，跳转到这个地址。166096035 是下一个分区的容量。

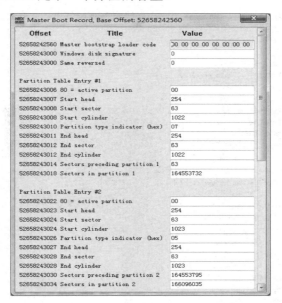

图 2-77 分析分区

（4）单击 "Go To Offset" 按钮，如图 2-78 所示。弹出 "Go To Offset" 对话框，输入数值 "164553795"，即下一个分区的开始，如图 2-79 所示。

图 2-78 单击 "Go To Offset" 按钮

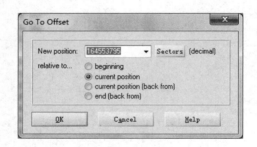

图 2-79 "Go To Offset"对话框

（5）单击"OK"按钮，使用 MBR 模板进行分析，如图 2-80 所示。当前 E 盘分区容量为 "166095972"个扇区，其中前面已经有 63 个扇区已经使用。这 63 个扇区就是 EBR 到 DBR 之间的扇区数。而 166095972+63=166096035，即从当前位置跳转 166096035 个扇区就是下一个扩展分区的开始，即 F 盘。

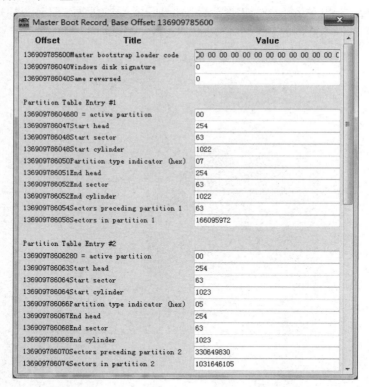

图 2-80 分析 MBR

（6）单击"Go To Offset"按钮，输入扇区数为 166096035，如图 2-81 所示。并使用 MBR 模板分析 EBR 分区，如图 2-82 所示。

可以看出 F 盘是最后一个分区，下一个分区信息中数值为零。

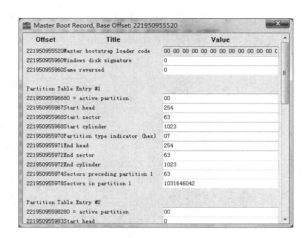

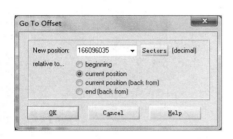

图 2-81　输入扇区数　　　　　　　　　图 2-82　EBR 分区

2．修复受损 MBR

一块磁盘的 MBR 受损后，怎样将其修复成功呢？每块硬盘的 MBR 基本参数是相同的，只有磁盘的分区表信息不同。只要复制其他磁盘的 MBR 信息到这个磁盘的第一个扇区并更改磁盘签名，然后将其他的分区信息填写到分区表中，实现 MBR 的修复，即可将受损的硬盘数据恢复出来。

（1）复制其他硬盘的 MBR 信息，一个扇区的字节，如图 2-83 所示。

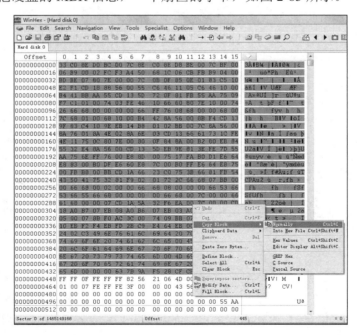

图 2-83　复制 MBR 的信息

（2）如图 2-84 所示，将复制的信息写入到故障磁盘中，在粘贴的位置右击，在弹出的快捷菜单中选择 "Clipboard Data" 子菜单中的 "Write" 命令，将复制的数据写入到选择的区域内。

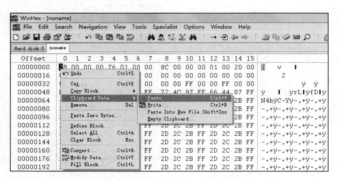

图 2-84　写入数据

（3）单击 "OK" 按钮，系统提示剪贴板将在偏移量为 0 的位置上粘贴数据，这将增加文件的尺寸。系统显示粘贴之后的数据，如图 2-85 所示。

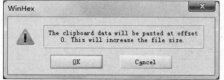

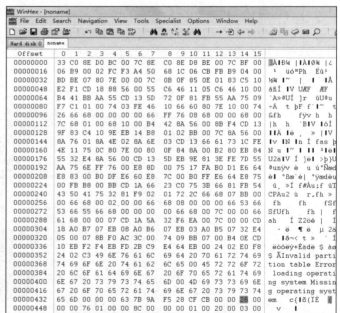

（a）提示信息　　　　　　　　　　　　　　　　（b）粘贴的数据

图 2-85　粘贴数据

（4）找到 DBR1 的位置，从而知道 C 盘分区的容量。使用 WinHex 软件的 Boot Sector NTFS 模板能够找到 C 盘分区的容量为 102848066（填入 MBR 分区表时加 1），如图 2-86 所示。

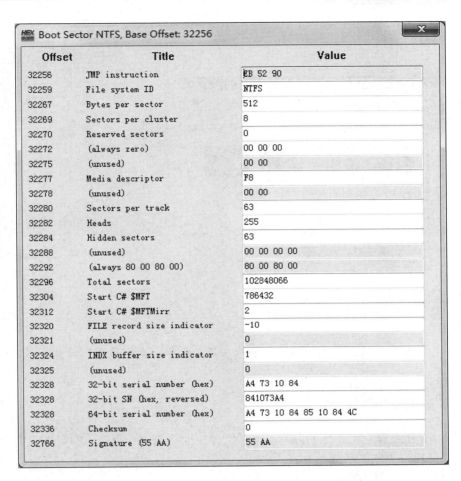

图 2-86 C 盘分区的容量

（5）将 102848067 添加到 MBR 的分区表中就可以实现 MBR 分区表的修复。

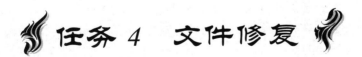
任务 4 文件修复

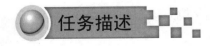
任务描述

配套资源

客户送来一块计算机硬盘。根据客户的描述，在一次正常使用后，计算机中 C 盘下的部分照片无法打开，如图 2-87 和图 2-88 所示。根据客户回忆，他的计算机长期连接外来 U 盘，杀毒软件也没有定期更新。作为数据恢复工程师，接到客户报修文件恢复类任务需要认真严格地进行分析，并制定针对性的解决方案。

图 2-87　照片目录

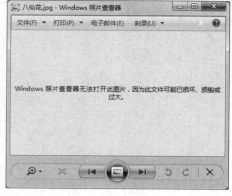

图 2-88　"八仙花.jpg"照片

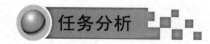任务分析

由于图片已经无法正常显示，初步判断为文件头损坏，手动修复文件头即可。

制定解决方案

先利用 WinHex 查看已损坏的照片，再对文件头的信息进行更改，即可完成文件的修复。

任务实施

第一步：用 WinHex 打开八仙花（Hydrangeas）.jpg 图片，如图 2-89 所示。

第二步：用 WinHex 打开文件夹里其他没有受损的图片"Lighthouse.jpg"和图片"Chrysanthemum.jpg"，在视图中选择"同步窗口"，如图 2-90 所示。观察后发现两者的文件头数据几乎都是有规律的数字，显然"Hydrangeas.jpg"图片文件头数据是被篡改了。

第三步：细心地通过对比已损坏文件与其他两个文件的文件头信息，可发现两张图片的起始位置均为"FF DB FF E0"，于是把"Hydrangeas.jpg"图片的文件头信息更改为"FF DB FF E0"，如图 2-91 所示。

温馨提示

JPEG（JPG）的文件头以"FF D8 FF"开始。

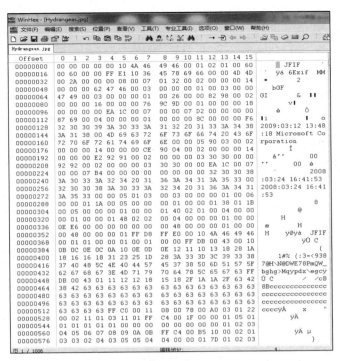

图 2-89　八仙花的底层数据

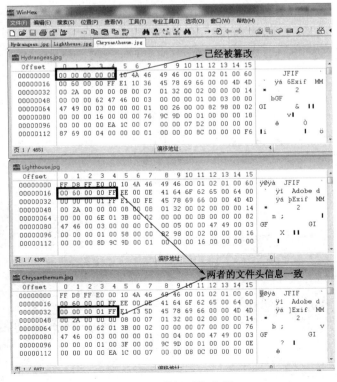

图 2-90　数据对比分析

经验分享

当图片无法正常打开时，首先应该考虑图片的文件头是否已经损坏，这里只需要按照其他能正常打开的图片更改文件头即可。

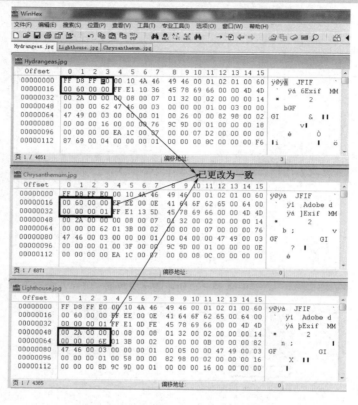

图 2-91　更改后的数据

第四步：保存 Hydrangeas.jpg 图片，找到图片所在目录，可以看到照片已经能够正常显示且能打开了，至此图片修复成功，如图 2-92 和图 2-93 所示。

图 2-92　图片所在目录

图 2-93　修复后的"八仙花.jpg"图片

温馨提示

其他几种图片的文件头标志如下。

（1）PNG 文件头：89504E47。

（2）GIF 文件头：47494638。

（3）TIFF 文件头：49492A00。

（4）Windows Bitmap（BMP）文件头：424D。

任务验收

评 价 内 容	评 价 标 准
文件修复结果	经客户验证，成功修复客户计算机中不能打开的文件，文件较为完整，个别文件出现乱码的情况属于正常现象。数据恢复完成后，做好数据销毁工作，确保客户数据不被泄露
在规定时间内完成文件修复任务	在与客户约定的时间内成功修复客户所需数据，客户验证无误
正确使用恢复工具	在实施数据恢复任务过程中规范操作，按照正确的方法对客户存储介质进行操作，没有造成二次破坏
客户是否满意	数据恢复完成后，发现有少量文件损坏，属于正常现象，客户表示可以接受，客户表示对此次服务非常满意

拓展任务

1. 完成 Word 文档的修复

客户 U 盘中的 Word 文档——"新建 Microsoft Office Word 文档"无法打开，如图 2-94 所示。现在需要做的就是对错误内容进行分析，判断之后制定针对性的恢复方法。

图 2-94　文档无法打开

由于文档已经无法打开，初步判断为文件头损坏，手动修复文件头即可。

先利用 WinHex 查看已损坏的文档，再对文件头的信息进行更改，即可完成文件的修复。

第一步：打开受损的"新建 Microsoft Office Word 文档"，如图 2-95 所示。

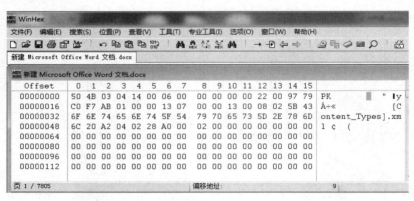

图 2-95　Word 文档

第二步：查看能正常打开的 Word 文件头信息，对文档数据进行对比，如图 2-96 所示。

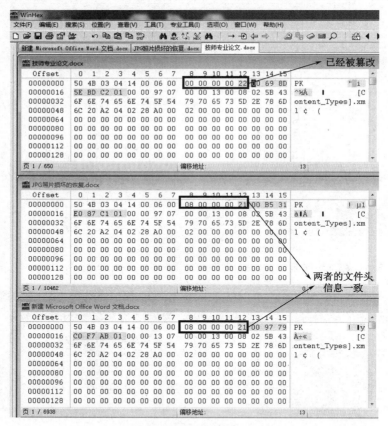

图 2-96　Word 文档的查看

第三步：更改后的结果如图 2-97 所示。

第四步：保存结果，文档已经能够正常打开，如图 2-98 所示。

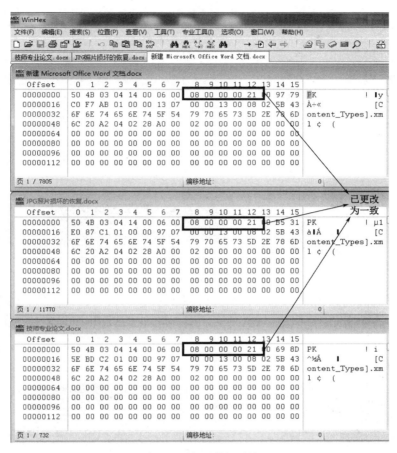

图 2-97　底层数据对比

图 2-98　能正常打开的 Word 文档

2. 完成 MP3 文件的修复

客户计算机中的 MP3 文件无法正常播放，显示无效的影音文件，如图 2-99 所示。

图 2-99　文件无法打开

MP3 文件已经无法正常播放，初步判断为文件头损坏，手动修复文件头即可。

先利用 WinHex 查看已损坏的 MP3 文件，再对文件头的信息进行更改，即可完成文件的修复。

第一步：用 WinHex 打开受损的 MP3 文件，其底层数据如图 2-100 所示。

图 2-100　底层数据

第二步：查看能正常打开的 MP3 文件头信息，对比三个文档的底层数据，如图 2-101 所示。

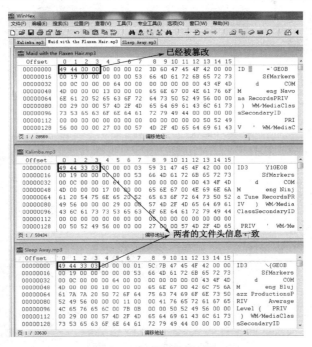

图 2-101　底层数据对比

第三步：更改后的结果如图 2-102 所示，保存文件，如图 2-103 所示。

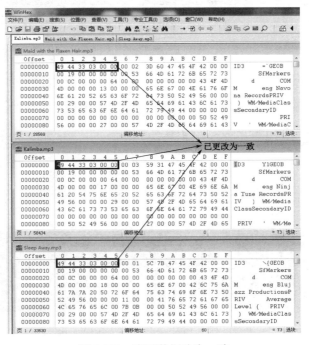

图 2-102　底层数据改为一致

图 2-103　MP3 文件所在目录

第四步：音乐已经能正常播放，如图 2-104 所示。

图 2-104　MP3 文件正常播放

3. 完成视频文件的修复

客户计算机中的视频文件无法正常播放，显示无效的视频文件，如图 2-105 所示。

图 2-105　文件无法打开

由于视频已经无法正常播放，初步判断为文件头损坏，手动修复文件头即可。

首先利用 WinHex 查看已损坏的视频，然后对文件头的信息进行更改，即可完成文件的修复。

第一步：用 WinHex 打开受损的视频文件，底层数据，如图 2-106 所示。

第二步：查看能正常打开的 MP3 文件头信息，对比文档数据，如图 2-107 所示。

第三步：更改后的结果，如图 2-108 所示。保存，如图 2-109 所示。

第四步：视频文件已经能够正常播放，如图 2-110 所示。

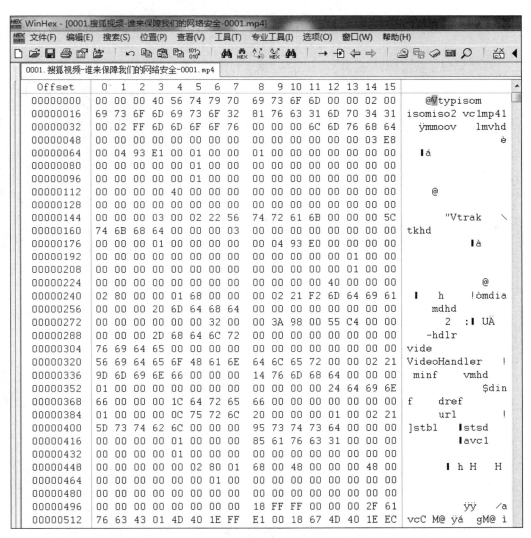

图 2-106　底层数据

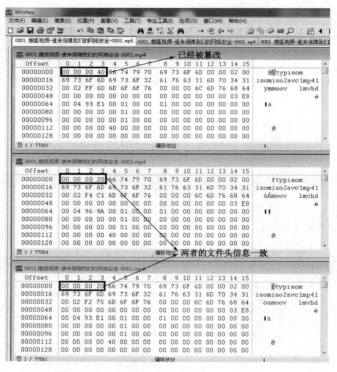

图 2-107　底层数据对比

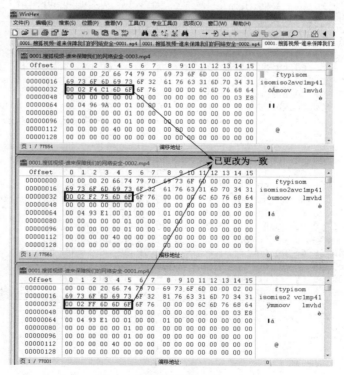

图 2-108　底层数据改为一致

图 2-109　视频文件所在目录

图 2-110　视频文件正常播放

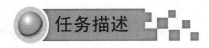

任务 5　数据底层擦除

配套资源

任务描述

　　某客户的移动硬盘已经使用了三年，担心硬盘产生严重物理坏道而造成数据丢失，因此重新购买了新的移动硬盘，数据也已经完成了迁移。现在他需要把旧硬盘交回公司采购部门，但是担心数据会丢失，需要进行移动硬盘数据安全擦除工作，使用数据恢复工具 WinHex 即可完成底层数据擦除工作。

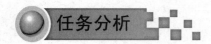 任务分析

客户更换移动硬盘后，需要对旧移动硬盘进行数据安全擦除工作，达到数据无法恢复的目的。数据安全工程师按照客户要求，对客户的旧硬盘进行了硬盘检测，确认硬盘无严重错误，通电也可以正常识别，现需对硬盘进行底层数据填充以此达到数据无法恢复的效果，确保数据安全。

制定解决方案

拿到移动硬盘后需要进行加电检测，检测是否有物理坏道或无法读的扇区等。利用WinHex 对数据进行安全擦除，整理数据擦除思路，以此达到数据无法恢复的效果。WinHex 主界面如图 2-111 所示。

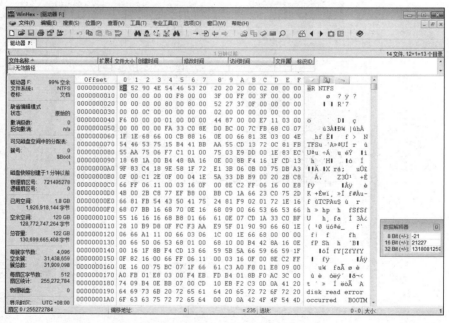

图 2-111　WinHex 主界面

 知识链接

WinHex 是一款以通用的十六进制编辑器为核心，专门用来应对计算机取证、数据恢复、文件修复、数据安全擦除，以及 IT 安全性的日常使用工具，用来检查和修复各种文件，恢复因误删除文件、硬盘损坏、数码照相机 SD 卡损坏而造成的数据丢失等。

WinHex 功能如下。

（1）查看文件编辑日期、修改加密文件与解密文件。

（2）具有 RAM 编辑器，可直接查看/编辑被调试程序的虚拟内存。

（3）具有数据解释器，支持 20 余种数据类型。

（4）文件分割、合并、分析、比较等。

（5）粉碎文件和磁盘底层填充，粉碎后的文件和磁盘底层填充后任何数据恢复工具都无法将数据完整恢复出来。

第一步：打开 WinHex 应用程序，在菜单栏中选择"工具"菜单中的"打开磁盘"选项，使用打开磁盘功能，对分区进行编辑，如图 2-112 所示。

图 2-112　打开磁盘

第二步：通过打开磁盘功能会弹出"编辑磁盘"对话框，可以清晰地看到客户的硬盘，既可以整块硬盘的形式打开，又可以通过单个分区的形式进行打开并编辑，如图 2-113 所示。

图 2-113　"编辑磁盘"对话框

第三步：通过硬盘编辑功能，打开硬盘后可以清楚地从底层看到硬盘中每一个扇区中的具体内容与结构，并以十六进制展示。通过查看硬盘底层的十六进制数可以对数据进行安全擦除或进行数据恢复，如图 2-114 所示。

第四步：打开页面后可以进行安全擦除工作，在菜单栏中选择"编辑"菜单中的"填充磁盘扇区"选项，进行扇区填充，也可使用快捷键 Ctrl+L 进行填充编辑，默认要填充的数据是"00"，也可以自己定义，或者让 WinHex 随机填充，最好使用默认的"00"，然后单击"确认"按钮，如图 2-115 所示。

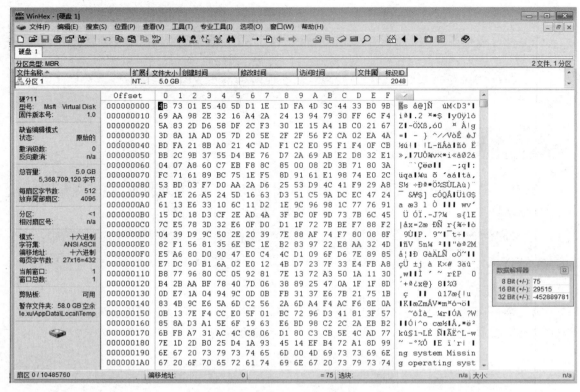

图 2-114　底层数据编辑

第五步：当确认为客户需要安全擦除的磁盘后，单击"确定"按钮，会弹出安全确认对话框，如图 2-116 所示。

图 2-115　"填充磁盘扇区"对话框

图 2-116　确认是否安全擦除数据

 温馨提示

　　在安全擦除之前，再次确认是否为客户所需要安全擦除的移动介质，确认无误后再进行擦除，避免操之过急而造成数据破坏，导致无法恢复。

　　第六步：单击"确定"按钮即可开始进行数据安全底层的填充擦除，如图 2-117 所示。

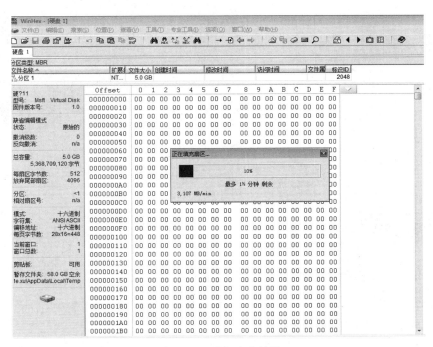

图 2-117　进行安全擦除

第七步：WinHex 开始对选择的硬盘进行数据填充，填充是一个漫长的过程，填充完毕后，磁盘整个扇区都会填充为"00"。确认无误后，关闭软件，数据安全填充即可完成，如图 2-118所示。

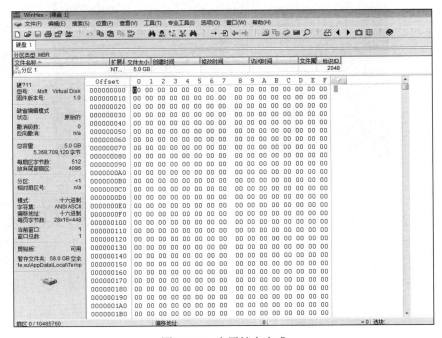

图 2-118　底层填充完成

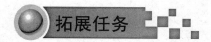

评 价 内 容	评 价 标 准
数据恢复结果	按照客户的要求，将硬盘内所有数据底层擦除。做好数据保密安全工作，切勿泄露客户数据
在规定时间内完成数据恢复任务	在与客户约定的时间内成功完成数据恢复任务
正确使用恢复工具	在操作过程中，规范地使用专业工作操作存储介质
客户是否满意	按照客户的要求完成任务，客户表示非常满意

拓展任务

使用 MHDD 安全擦除功能对整个硬盘进行快速擦除

主界面中列出了 MHDD 的所有命令，下面主要讲解 MHDD 的几个常用命令：PORT；ID；SCAN；ERASE；AERASE；STOP。

第一步：输入命令"PORT"（快捷键是 Shift+F3），按"Enter"键。这个命令的意思是扫描主板端口上的所有硬盘，如图 2-119 所示。

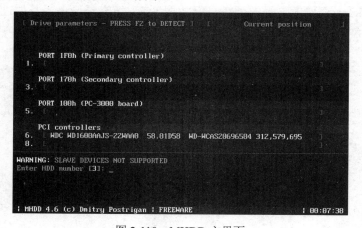

图 2-119 MHDD 主界面

第二步：从图 2-119 中可以看出这是一个西数 160GB 的硬盘。输入硬盘扫描端口号，因为本文中硬盘所在端口是"6"，只需要输入数字 6 即可，按 Enter 键即可进入硬盘端口维修界面。进入硬盘端口维修界面后，输入指令"ID"来查看硬盘信息是否正确，也可直接按快捷键 F2，如图 2-120 所示。

第三步：确认硬盘信息无误后，即可开始硬盘底层数据擦除，输入"ERASE"指令后的界面如图 2-121 所示。

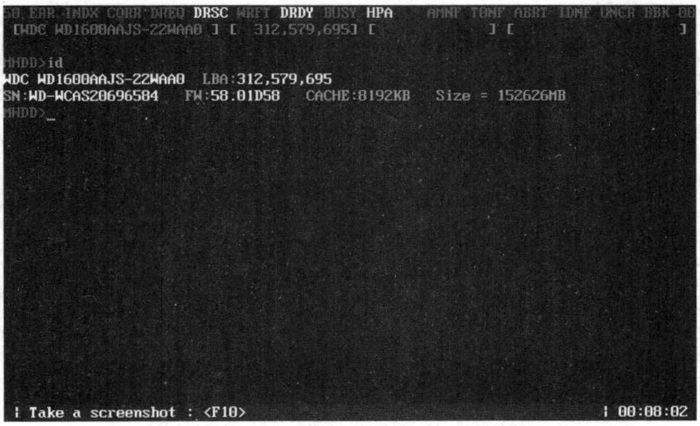

图 2-120　硬盘接口维修界面

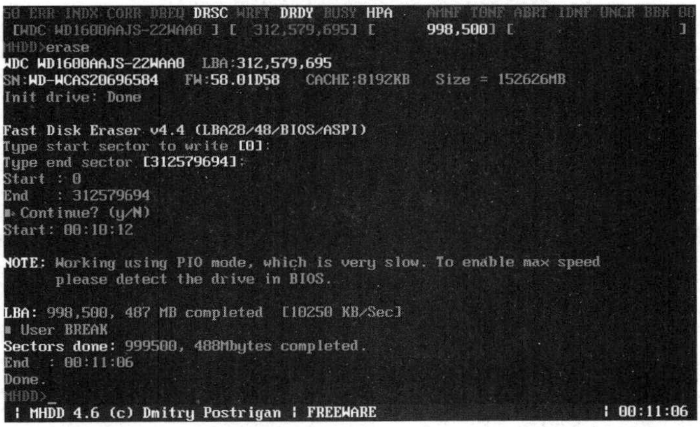

图 2-121　硬盘底层数据擦除界面

第四步：输入擦除指令后，提示需要输入起始位置及结束位置，此刻需要全盘擦除，不需要输入任何数值（默认为其从 0 扇区开始至最后一个扇区结束）。如只需要擦除其一段指定位置，则输入起始 LBA 值及结束 LAB 值即可，如图 2-122 所示。

图 2-122　硬盘起始 LBA 值及结束 LBA 值

第五步：至此界面后，会弹出信息，提示"Y/N"时候确认是否擦除。输入"Y"开始擦除，输入"N"取消擦除。如图 2-123 所示。

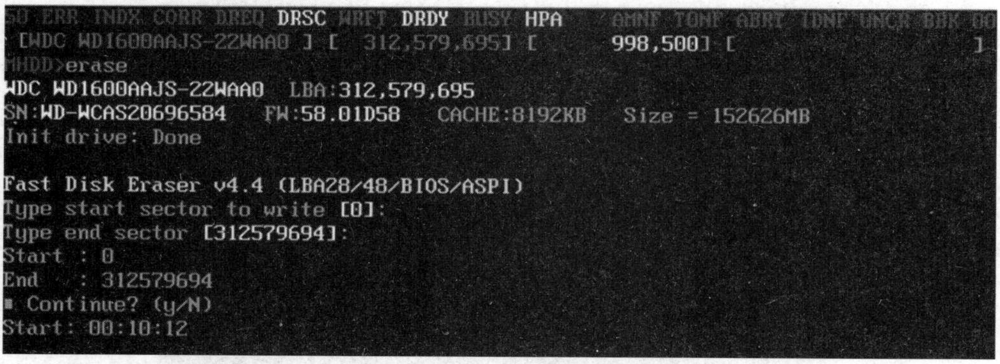

图 2-123　确认硬盘是否擦除

第六步：输入"Y"后确认开始擦除，会提示开始时间及开始擦除信息，也可以在中途按 Esc 键或者输入"STOP"指令停止运行，等待完全擦除即可。

单 元 总 结

本单元旨在使学生学习并掌握硬盘逻辑类故障的判断方法及解决方案。通过本单元的学习，学生能掌握误删除、误格式化、分区表丢失、文件无法正常打开等故障的解决方法；掌握数据底层擦除的原理及方法；在数据恢复结束后，需要对客户的数据进行销毁，确保客户数据不会泄露，以提高学生法律意识。

单元 3

物理类故障的
数据恢复

☆ 单元概要

　　物理类的故障是指硬盘存在物理损坏，当前硬盘无法正常工作。如硬盘无法被识别、硬盘异响、硬盘电动机不转、硬盘磁头卡盘片、硬盘 PCB 元器件烧坏等都属于物理类的故障。在日常生活中，硬盘因物理类故障导致数据丢失的情况时有发生。例如，随着使用时间的增加硬盘出现坏道；不小心硬盘落地而导致磁头损坏；硬盘瞬间电流增大导致 PCB 损坏等。此类故障的数据恢复相对复杂，需要借助专业工具完成，要求工程师的技能水平极高。

任务 1 提取硬盘坏道数据

配套资源

任务描述

某公司办公电脑里的 3.5 英寸硬盘无法识别出来，电脑开机后蓝屏，要求恢复硬盘中的数据，作为数据恢复工程师，要求认真分析任务，高效完成任务。

任务分析

作为数据恢复工程师，在接到这样的任务后，首先应当理清工作思路。面对损坏扇区较多的硬盘，如果使用普通数据恢复软件进行数据扫描恢复，电脑势必会蓝屏，导致数据无法正常恢复。通过对任务的分析，得知 PC3000 软件可以进行硬盘底层扇区数据的提取，并可有效纠正和跳过损坏的扇区，从而实现工作效率的提高。

知识链接

PC3000 的 DE 数据恢复软件可以实现对硬盘数据的复制，在新建任务的时候可以设置。其工作模式分别有以下功能。

（1）硬盘数据直接复制到指定位置。

（2）硬盘到硬盘复制。

（3）硬盘到硬盘镜像复制。

制定解决方案

对客户报修的故障硬盘进行检测，发现硬盘产生了大量损坏扇区，要求恢复硬盘底层数据，保证硬盘数据的完整性。对 3.5 英寸硬盘进行底层数据提取，要求按照数据结构进行底层数据的提取。

先对 3.5 英寸台式机硬盘进行检测，再进行硬盘底层数据的提取。硬盘底层数据的提取如图 3-1 所示。

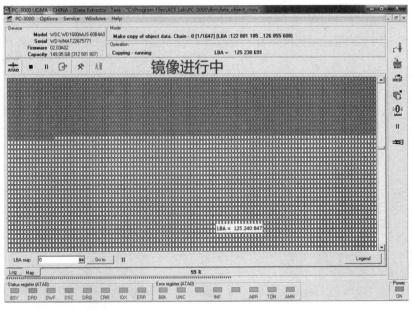

图 3-1　硬盘底层数据提取

任务实施

第一步：准备需要底层数据提取恢复的 3.5 英寸台式机硬盘。在底层数据提取恢复任务开始前，把需要底层提取的硬盘连接在 PC3000SATA 接口上。

进行数据提取，从而使硬盘复位，如图 3-2 所示。

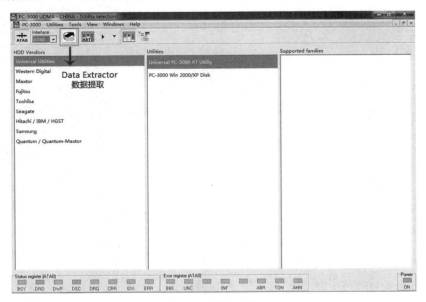

图 3-2　硬盘检测

第二步：选择工作存储目录路径，如图 3-3 所示。

图 3-3　选择工作存储目录路径

第三步：选择源盘，如图 3-4 所示。

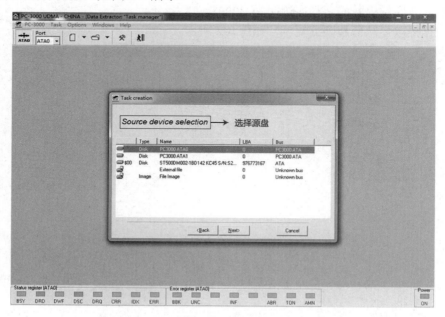

图 3-4　源盘选择

第四步：选择数据复制，如图 3-5 所示。

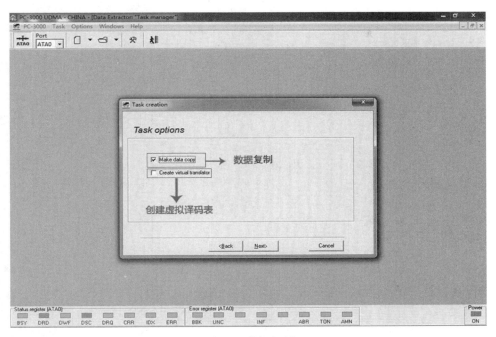

图 3-5　数据复制

第五步：选择目标盘，如图 3-6 所示。

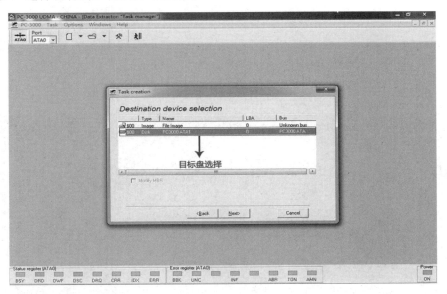

图 3-6　选择目标盘

第六步：在做镜像之前再次确认源盘和目标盘是否正确，如图 3-7 所示。

 温馨提示

源盘和目标盘顺序一定不要颠倒，否则将引起数据灾难。

图 3-7　源盘和目标盘信息

第七步：源盘和目标盘确认无误后执行复制任务，如图 3-8 所示。

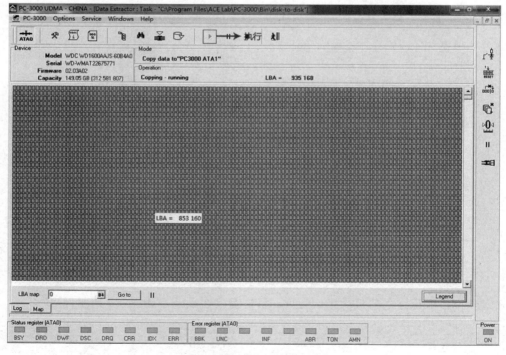

图 3-8　底层数据镜像复制

评 价 内 容	评 价 标 准
数据恢复结果	经客户验证，硬盘坏道底层数据提取恢复成功
在规定时间内完成数据恢复任务	在与客户约定的时间内成功完成数据恢复任务
正确使用恢复工具	在实施数据恢复任务过程中，规范地使用 PC3000 数据恢复工具
客户是否满意	数据恢复完成后，客户表示非常满意

PC3000 DE 镜像其他菜单设置

在使用 PC3000 对硬盘进行镜像的时候，先要根据硬盘的不同故障类型，再设置不同参数。

选项卡"Command to read"参数如图 3-9 所示。

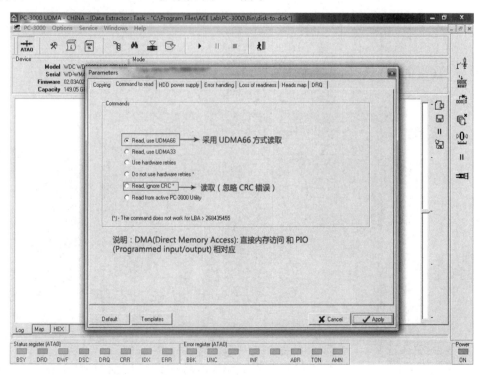

图 3-9　Command to read 参数设置

选项卡"HDD power supply"参数如图 3-10 所示。

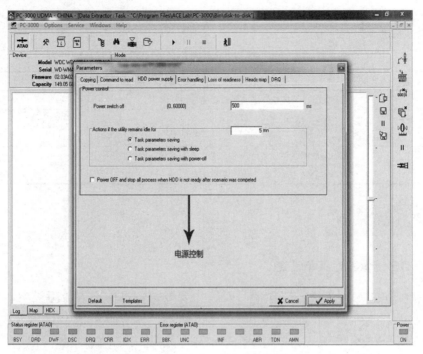

图 3-10 HDD power supply 参数设置

选项卡"Error handling"参数如图 3-11 所示。

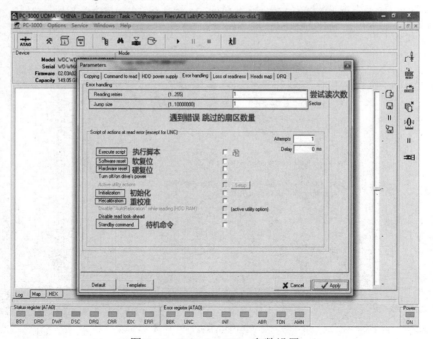

图 3-11 Error handling 参数设置

选项卡"Loss of readiness"(硬盘无法就绪)参数如图 3-12 所示。

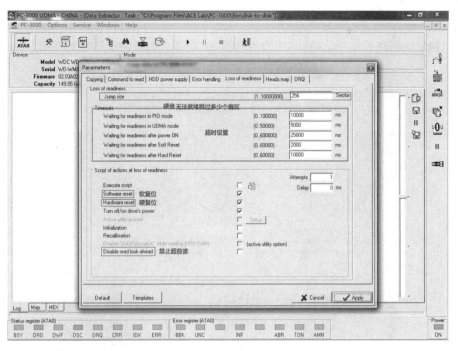

图 3-12 Loss of readiness 参数设置

选项卡"Heads map"（磁头地图）参数如图 3-13 所示。

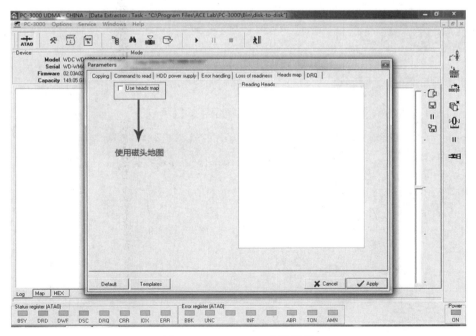

图 3-13 Heads map 参数设置

选项卡"Copying"参数如图 3-14 所示。

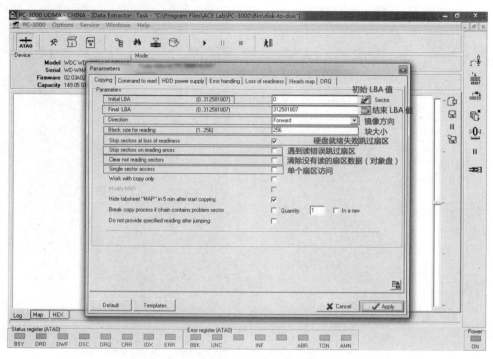

图 3-14　Copying 参数设置

拓展任务

1. 使用 WinHex 镜像硬盘

第一步：打开 WinHex 底层数据恢复工具，如图 3-15 所示。

图 3-15　WinHex 底层镜像主界面

第二步：进入镜像界面后先确认源盘及目标存储盘，确认无误后对硬盘底层扇区进行镜像操作。

温馨提示

在选择源盘及目标盘时，应严格根据硬盘标号选择，选择错误后会导致硬盘数据颠倒，数据被覆盖，无法完成恢复，如图 3-16 所示。

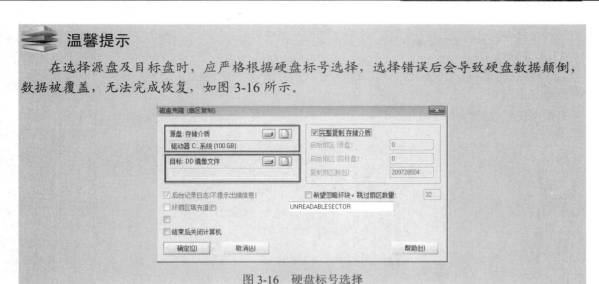

图 3-16　硬盘标号选择

第三步：对话框内的源盘与目标盘可以是硬盘、分区、文件。可以根据自己的需求选择镜像，镜像对话框内可以选择完整复制或自定义扇区复制。另外，在存储介质中有坏扇区无法读取的情况下，既可设置跳过的扇区数，又可自定义坏扇区所对应的目标盘中填写的信息值，如图 3-17 所示。

图 3-17　WinHex 镜像设置界面

1）设置源盘

设置源盘时，可以选择整块硬盘或单个分区，或单个文件。

2）选择目标盘

选择目标盘时，可以选择存储分区或整块硬盘。因为 SAS 硬盘做完镜像后需要分析，为了使用起来更方便、快捷，需要把目标盘做成单个镜像来进行分析。

3）后台记录信息

设置后台记录日志，操作完成后，操作日志会以 TXT 方式保存，方便需要之时查看。

4）完整复制存储介质

将进行 A 对 A 式复制，确保文件的完整性。

5）设置镜像起始位置及结束位置

可根据需求大小来设置扇区的起始位置及结束位置。

6）忽略坏扇区

在硬盘中损坏的扇区无法读取的情况下，设置跳过 N 个扇区（根据损坏扇区位置及大小设置跳过扇区数）。

第四步：设置好镜像源盘及目标盘后，单击"确认"按钮即可执行复制，如图 3-18 所示。

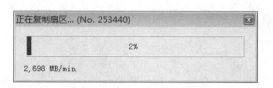

图 3-18　磁盘克隆

第五步：镜像完成后即可打开另外几块存储介质，逐个单独镜像完成后即可完成 RAID 重组。

2. 使用 HDClone 镜像硬盘

HDClone 用来从物理层将硬盘上的数据复制到另一个硬盘中。无论硬盘容量有多少，它都能够为其生成映像文件。该软件将其自身安装到一张可启动磁盘上或者 CD 上，而且包括了其自身的操作系统，因此该软件可以完全独立于 Windows 操作系统运行。一旦 HDClone 创建了一张可启动磁盘或者 CD，就可以使用其启动计算机，并且可以使用一个图形化的操作界面复制该硬盘驱动器上的内容到另外一块硬盘驱动器上。该软件的免费版本非常适用于升级现有的硬盘驱动器为一块更大的硬盘驱动器。该软件支持 IDE/ATA/SATA 接口的硬盘，并且最快每秒可以复制 300MB 的内容。该软件的最新版本支持 USB 接口的鼠标和键盘，以及 USB 1.1 驱动程序。

HDClone 是一款专门针对硬盘克隆、分区克隆的硬盘复制与备份软件，可分区对分区、分区对文件、文件对文件进行复制备份，具有操作界面方便简单的特点，如图 3-19 所示。

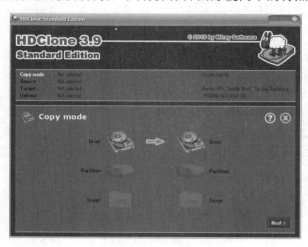

图 3-19　HDClone 主界面

　　通过初始界面"Copy mode"（复制模式）可知其有 9 种方式：硬盘（Drive）→硬盘（Drive），硬盘（Drive）→分区（Partition），硬盘（Drive）→镜像文件（Image），分区（Partition）→硬盘（Drive），分区（Partition）→分区（Partition），分区（Partition）→镜像文件（Image），镜像文件（Image）→硬盘（Drive），镜像文件（Image）→分区（Partition），镜像文件（Image）→镜像文件（Image）。最后一种方式没有意义，可以排除。

　　下面以硬盘（Drive）→镜像文件（Image）模式来说明这款软件的使用方法。

　　第一步：用鼠标选择左边的"Drive"（硬盘）和右边的"Image"（镜像文件）。从图 3-20 中可以明显看出，左边的是源对象，右边的是目标对象。选择"Copy mode"（复制模式），单击"Next"（下一步）按钮，如图 3-21 所示。

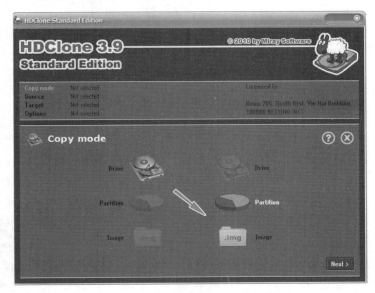

图 3-20　硬盘到镜像文件的复制

图 3-21　选择源硬盘

第二步：选择要克隆的源硬盘，勾选"Show Logical Volumes"复选框（如果勾选此复选框，则可以显示出每个物理硬盘中的物理分区）。单击"Next"（下一步）按钮，如图 3-22 所示。

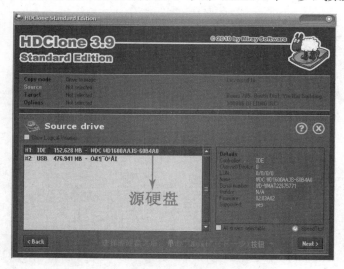

图 3-22　确认选择源盘

第三步：确认选择无误后，单击"Next"（下一步）按钮，进入镜像界面，选择目标目录，如图 3-23 所示。

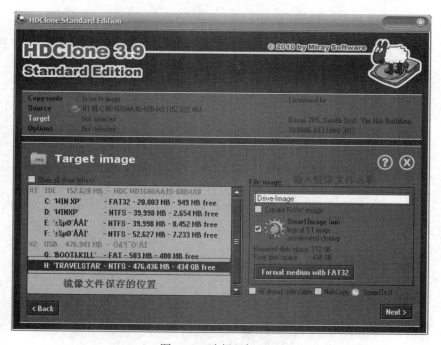

图 3-23　选择目标目录

第四步：输入镜像文件的名称，然后单击"Next"（下一步）按钮，如图 3-24 所示。

第五步：单击"Next"（下一步）按钮，如图 3-25 所示。

第六步：单击"Start"（开始）按钮，开始克隆硬盘，如图 3-26 所示。

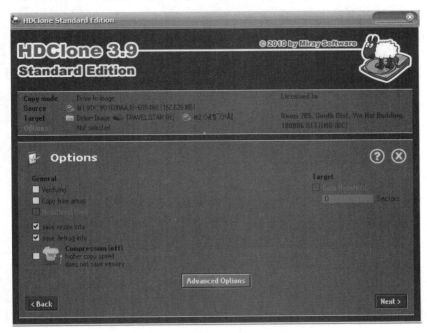

图 3-24 更改保存目标名称

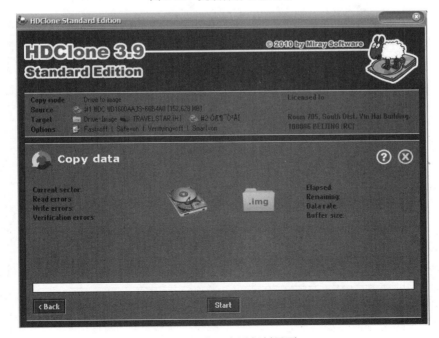

图 3-25 进入底层复制界面

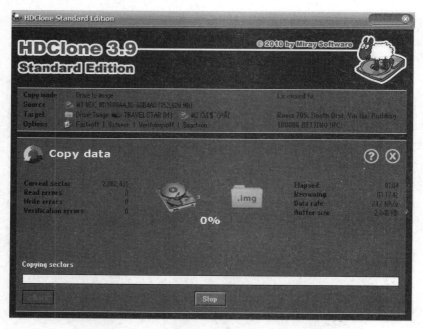

图 3-26 硬盘对镜像文件复制界面

第七步：克隆过程的时间长短取决于源硬盘文件的大小，克隆完毕后，就会在目标硬盘中的相应位置找到完整的镜像文件，如图 3-27 所示。

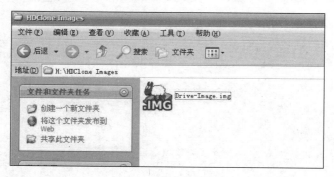

图 3-27 镜像文件

第八步：至此，硬盘（Drive）对镜像文件（Image）的克隆方法介绍完毕。其他克隆方式与前面所介绍的这种方式类似，也很容易学会。

3．PC3000 分磁头做镜像

第一步：新建任务，如图 3-28 所示。
第二步：创建磁头地图，如图 3-29 所示。
第三步：进入功能选择界面，切换到源盘的专属模式，如图 3-30 所示。
第四步：自动探测所属硬盘家族的功能，如图 3-31 所示。

图 3-28　创建任务

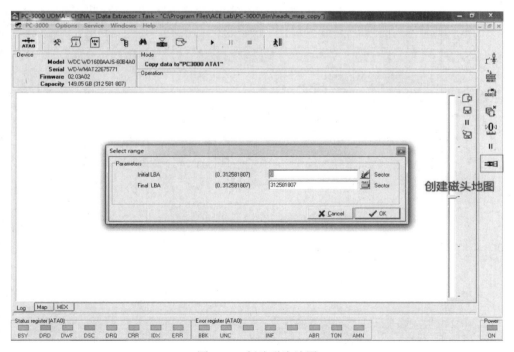

图 3-29　创建磁头地图

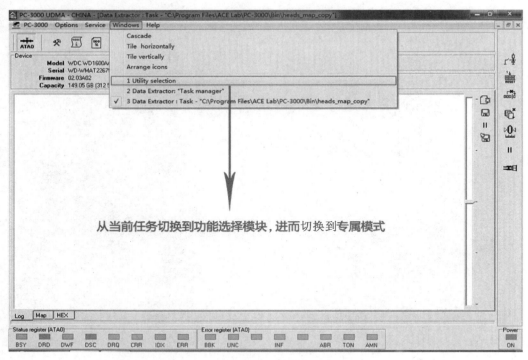

图 3-30　任务切换

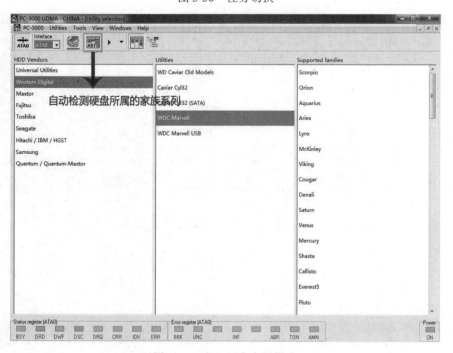

图 3-31　进入硬盘专属模式

　　第五步：自动探测完成后，成功进入专属模式界面，如图 3-32 所示。

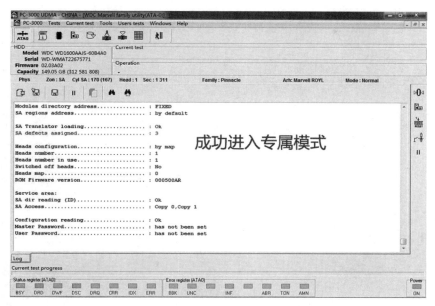

图 3-32　进入专属模式界面

第六步：返回到镜像工作界面，开始建立磁头地图，如图 3-33 所示。

图 3-33　开始建立磁头地图

第七步：磁头地图建立完成，如图 3-34 所示。

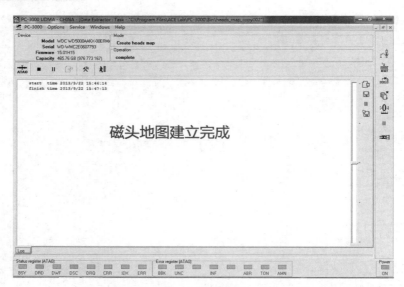

图 3-34　磁头地图建立完成

第八步：选择创建好的磁头 Head0、Head1，如图 3-35 所示。

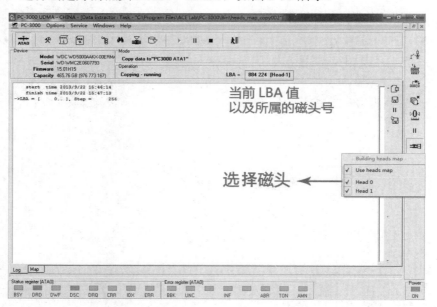

图 3-35　选择磁头

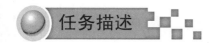

任务 2 开盘更换磁头的数据恢复

 任务描述

配套资源

　　某单位员工一不小心把移动硬盘摔在了地上，当重新把移动硬盘连接到电脑中时，发现移动硬盘发出"咔咔咔"的声响，同时移动硬盘上的数据分区无法显示到电脑中。此移动硬盘只有一个分区，其中存有重要的工作资料，大多是 Office Word 文档和 PDF 技术文档，要求能最大量地进行恢复出移动硬盘中的重要资料。移动硬盘如图 3-36 所示。

图 3-36　移动硬盘

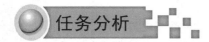 任务分析

　　移动硬盘本质上是一块 2.5 英寸的硬盘，该硬盘一般情况下都是基于 SATA 接口的，也有一部分是基于 USB 2.0 或 USB 3.0 接口的，无论采用哪种接口类型，PCB 的电路结构都与同批次下相同版号的 SATA 接口硬盘的 PCB 电路结构相同。因此，移动硬盘的开盘操作与普通 2.5 英寸硬盘的开盘操作在工作流程上基本相同，如图 3-37 所示。

图 3-37　移动硬盘内部结构

完成本任务的最为重要的一步就是，选择功能完好的、适配参数相吻合的磁头组件，这个过程就是查找备件硬盘，如果成功查找到了适配的备件硬盘，开盘数据恢复的成功率就大大提高了。不同品牌不同型号的硬盘，查找备件硬盘所依据的参数标准是不同的。因此，弄清楚给故障硬盘寻找备件的标准是第一步。

制定解决方案

该移动硬盘为西数硬盘，利用工具打开移动硬盘的外壳，其内部为一块 2.5 英寸的机械硬盘，接口类型为 USB 3.0，使用了非常常见的 SATA 接口硬盘。依据知识链接的介绍，可以知道无论该硬盘是何接口类型，只要该硬盘的 PCB 号相同，就意味着 PCB 的主干功能电路是一致的。

另外，寻找适配的硬盘备件时，需要参考的具体参数如下。

① Model 号第一部分要相同，第二部分中间 2 或者 3 个字符相同。

② Head map（磁头地图）相同。

③ Microjog 值相近。

根据实际经验寻找合适的备件盘所要求的参考条件有以上三个。其中，第二个条件需要在洁净间的环境下打开备件硬盘和故障硬盘后才会知道两个盘的物理磁头地图是否相符；第三个条件中两个硬盘的 Microjog 不是通过硬盘背面的标签得知的，而是通过特殊的设备（如 PC3000）来获取的。因此，寻找备件盘时，刚开始可以仅参考第一个条件进行寻找。因为一般情况下，两个盘只要第一个条件相符，剩余的两个条件也基本相符。

根据第一个条件，在电子市场或者网上商城上购买相匹配的备件硬盘，成功找到匹配的备件盘（完好的硬盘）后，下一步即可在无尘洁净间的环境下进行开盘更换磁头的操作。

机械硬盘开盘操作必须要在无尘洁净间的环境下进行，否则数据恢复失败率会大大增加，如图 3-38 所示。

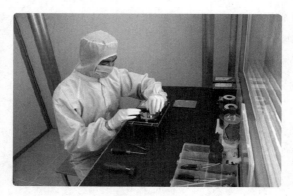

图 3-38　无尘洁净间下开盘恢复

 知识链接

百级洁净间具体的环境要求如下：温度（20±3）℃；相对湿度 40%～65%；在 1m³ 的空

间内，直径大于 0.5um 的微粒不超过 100 个，大于 0.3um 的不超过 300 个。

西数硬盘选择备件标准如下。

1．西数硬盘命名规则

例如，WD1600AAJS-22PSA0。

◆　WD：代表 Western Digital，即西部数据的硬盘。

◆　1600：代表容量 160GB；如果是 10 则代表 1TB。

◆　AAJS：表示 Cache（缓存）和接口类型。

◆　22：代表客户 ID。

◆　PS：Family identifier（家族标识）或 Model code。

◆　A0：固件版本型号。

2．西数硬盘 Model 号图解

西数硬盘 Model 号，如图 3-39 和图 3-40 所示。

3．西数硬盘选择备件硬盘标准

◆　Model 号第一部分要相同，第二部分中间 2 或者 3 个字符相同。

◆　Head map（磁头地图）相同。

◆　Microjog 值相近。

图 3-39　2.5 英寸西数硬盘

图 3-40　3.5 英寸西数硬盘

任务实施

开盘更换磁头数据恢复工作的前提条件都具备后，就要开始具体的工作流程了。

第一步：工程师穿上洁净服，准备进入洁净间，如图3-41所示。

图3-41　洁净间

第二步：准备好开盘所需的工具，如图3-42所示。

第三步：戴上防静电手套，用六角螺钉旋具取下盘体周围可见的螺钉，如图3-43所示。

第四步：取出最后一颗隐藏在标签下用于固定磁头组件的螺钉，如图3-44所示。

第五步：轻轻撬开盘盖，打开硬盘盘体，如图3-45所示。

图3-42　开盘工具套组

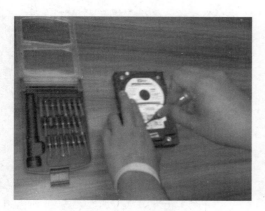

图3-43　取下周边螺钉　　　　　　　图3-44　取出标签下的螺钉

图 3-45　打开硬盘盖板

第六步：用扁嘴钳卸掉硬盘的永久磁铁，如图 3-46 所示。

第七步：用镊子逆时针旋转盘片，轻轻移下磁头，注意镊子不要碰到盘片，避免划伤盘片，如图 3-47 所示。

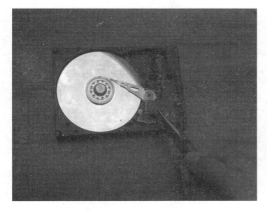

图 3-46　取下永久磁铁

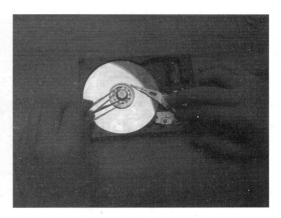

图 3-47　取下磁头

第八步：将损坏的磁头组件取下，取出备件盘中好的磁头组件并进行替换，如图 3-48 所示。

第九步：将备件盘中完好的磁头组件更换到源盘体上，如图 3-49 所示。

图 3-48　取出磁头组件

图 3-49　更换磁头至源盘体上

第十步：小心放置永久磁铁，固定好硬盘，如图 3-50 所示。

第十一步：在合上盘后盖之前，用皮吹轻轻吹走盘体上轻浮的物质，如图 3-51 所示。

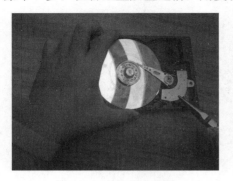

图 3-50　归位永久磁铁

图 3-51　清除盘体上的浮尘

第十二步：合上后盖，用螺钉旋具拧上卸下来的螺钉，开盘更换磁头组件的任务完成，如图 3-52 所示。

图 3-52　还原硬盘

任务验收

评价内容	评价标准
数据恢复结果	把更换磁头组件后的故障硬盘连接到电脑上进行验证，故障硬盘不再有"咔咔咔"的异响，故障硬盘也能被电脑正常识别，其中的数据完好重现。客户逐一进行验证，所需要的重要数据基本上都恢复出来了
在规定时间内完成数据恢复任务	在规定的时间内，规范工作流程，正确使用工具，高效地完成任务
正确使用恢复工具	在所有操作过程中，均正确使用专业的数据恢复工具，且未对客户保修的故障存储介质造成不必要的破坏
客户是否满意	数据恢复完成后，当面将数据销毁，确保不会将客户数据泄露，客户表示非常满意

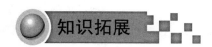

知识拓展

1.　希捷硬盘

1）希捷硬盘命名规则

例如，ST3160815AS。

ST：代表希捷。

3：代表硬盘尺寸大小（3代表3.5英寸；9代表2.5英寸）。

160：代表容量160GB。

8：代表缓存。

1：代表盘片数量。

5：代表硬盘系列或代数。

AS：代表接口类型（AS代表SATA串口；A代表PATA并口）。

2）希捷硬盘Model号图解

希捷硬盘Model号，如图3-53所示。

图3-53　希捷硬盘

3）希捷硬盘选择备件硬盘标准

SN前三位相同即可。

◆　第一位：产地，如"56"代表生产地为中国。

◆　第二位：家族。

◆　第三位：磁头数量。

注意：6RACZL5T（中国）；5ED2GSVM（中国）；3HS8VN9W（新加坡）；9QM5YLQJ（泰国）。

2.　东芝硬盘

1）东芝硬盘命名规则

例如，MK1237GSX。

MK：代表东芝。

12：代表容量 120GB。

37：代表代数或家族系列，数值越大级别越新。

G：代表计量单位为 GB 或 MB。

S：代表接口类型。

X：代表厚度、主轴电动机类型、转速等。

2）东芝硬盘 Model 号图解

东芝硬盘 Model 号如图 3-54 所示。

图 3-54　东芝硬盘

3）东芝硬盘选择备件硬盘标准

◆　Model 号相同，如 MK3265GSX 和 MK1017GAP。

◆　HDD Code 尽量接近，如 HDD2H83 F VL01 S 和 HDD2151 Y ZE01T。

3．日立硬盘

1）日立硬盘命名规则

例如，HDS728080PLAT20。

　　HDS：代表 Hitachi Desk Star（3.5"），而 HTS 代表 Hitachi Travel Star（2.5"）。

　　72：代表 7200 RPM。

　　80：代表这一系列所生产的硬盘最大容量为 80GB。

　　80：代表容量。

　　P：代数或产品系列。

　　L：高度。

　　AT：接口类型。

2：Cache（缓存）。

0：保留位（作为日后使用）。

2）日立硬盘 Model 号图解

日立硬盘 Model 号，如图 3-55 所示。

图 3-55 日立硬盘

3）日立硬盘选择备件硬盘标准

◆ Model 号相同，如 HTS541040G9AT00、IC25N040ATMR04-0 或者同一家族都可以（要求磁头地图匹配，但有时多磁头的可以安装到少磁头的硬盘上）。

◆ MLC 前两位相同（作为参考），如 BA1116、DA2010。

4．三星硬盘

1）三星硬盘命名规则

例如，SP2504C。

S：Spin Point，即生产线。

M：Magma。

V：5400 RPM。

P：7200 RPM。

H：Ultra ATA-100。

N：Ultra ATA-133。

C：Serial ATA。

250：代表容量为 250GB。

4：代表磁头数量。

2）三星硬盘 Model 号图解

三星硬盘 Model 号如图 3-56 所示。

图 3-56　三星硬盘

3）三星硬盘选择备件硬盘标准

◆　Model 号相同，如 HA250JC、HM120JI、SV0602H。

◆　Bar Code Site 相同（作为参考），如 V6060、P/V FS、T166C。

◆　Firmware 相同（可能缺失，仅作为参考）相同，如 ZH100-34、HH100-10。

5．富士通硬盘

1）富士通硬盘命名规则

例如，MHT2060BH；MPD3043AT。

　　　　M：代表 Fujitsu（富士通）。

　　　　H：代表尺寸（H 代表 2.5 英寸；p 代表 3.5 英寸）。

　　　　T：代表代数或产品系列或家族系列等。

　　　　2：代表尺寸（2 代表 2.5 英寸；3 代表 3.5 英寸）。

　　　　060：代表容量为 60GB。

　　　　BH：代表接口类型。

2）富士通硬盘 Model 号图解

富士通硬盘 Model 号如图 3-57 所示。

图 3-57　富士通硬盘

3）富士通硬盘选择备件硬盘标准

◆ Model 号相同，如 MHT2040AH PL、MHZ2320BH G1、MHV2060BH。

◆ Part Number 号相同（作为参考），如 CA07018-B368000T、CA06672-B262000T。

6．迈拓硬盘

1）迈拓硬盘命名规则

例如，6Y060L0。

　　6Y：代表产品系列。

　　060：代表容量为 60GB。

　　L：代表 Cache（缓存）接口类型和电动机类型。

　　0：代表磁头。

2）迈拓硬盘 Model 号图解

　　迈拓硬盘 Model 号如图 3-58 所示。

图 3-58　迈拓硬盘

3）迈拓硬盘选择备件硬盘标准

◆ Model 号相同，如 6H500F0、4R160L0、2F040L0。

◆ Code 相同（作为参考），如 RAMB1TU0、VAM51JJ0。

◆ 四个字符（有时三个，仅作为参考）相同，如 N、F、G、D / N、M、B、B。

拓展任务

　　如果磁头组件损坏的硬盘是希捷硬盘，则在选择备件盘时，所参考的依据是什么？根据拓展知识链接中的内容，可以很容易知道，备件盘需要满足的条件如下：SN 前三位相同。选择好合适的备件盘后，更换磁头组件的流程就与上述西数硬盘更换磁头组件的流程完全相同。因此，可以根据知识链接中不同品牌硬盘选择备件的参考要素，完成所有磁头损坏硬盘的数据恢复任务。

任务 3 硬盘 PCB 损坏后的恢复

子任务 1 硬盘 PCB 的选择

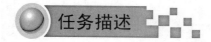 任务描述

配套资源

日常生活中，电脑异常断电可能会造成硬盘 PCB 上重要电子元器件被烧坏，关闭电脑后，把故障硬盘从台式机中卸下来，进行初步检测，发现硬盘 PCB 上的电动机驱动芯片被高电流烧坏了，如图 3-59 所示。由于更换硬盘 PCB 需要的涉及知识较多，因此对工程师的技术水平要求高，在开始任务之前要占用较大篇幅讲解如何选择备件。

图 3-59 元器件烧坏的硬盘 PCB

PCB 是硬盘与电脑的连接物件，如果 PCB 烧坏了，硬盘会无法正常工作，所以解决此类故障的方法就是想办法把烧坏的电子元器件修复好。

 任务分析

如果硬盘 PCB 中的某个元器件烧坏了，如何进行修复呢？在数据恢复行业中，处理此类故障的方法与其他电子产品维修行业有所不同的是，硬盘 PCB 元器件如果烧坏了，通常会更换一个新的相同板号的 PCB，但仅仅更换 PCB，不做其他工作时，更换 PCB 后的硬盘会发出异响，此类现象主要是由备件 PCB 上的 ROM 芯片中的有关硬盘适配参数信息与原 PCB ROM 中适配信息不同而引起的，所以解决故障盘 PCB 与备件硬盘 PCB 相兼容的问题时，本质上就是寻找兼容的、匹配的、功能完好的 PCB，同时对故障硬盘与备件硬盘 PCB 上的 ROM 存储芯片进行互换。能够顺利完成这两个步骤，硬盘中的数据就可以正常访问了。

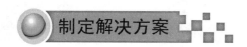制定解决方案

通过以上分析可以知道，更换 PCB 可以分为两个步骤：第一步，寻求与之匹配的备件电路板，通过使用风枪等工具更换电路板；第二步，将电路板上的 ROM 芯片对调，因为 ROM 芯片内存储着独一无二的硬盘信息。

知识链接

1. PCB 元器件和 ROM 芯片

1）ROM

只读存储器（Read Only Memory，ROM）只能读出信息，不能写入信息，断电后其内的信息仍旧保存，这是传统意义上的 ROM。现在的 ROM 不仅具备读的能力，还具备写的能力，断电后数据也不丢失。一般情况下，当前流行的硬盘采用的都是串口 ROM（8 针引脚），硬盘串口 ROM 芯片通常是由意法半导体公司生产的，该公司生产的 ROM 芯片的标签上通常带有 "25" 字样。

2）硬盘 PCB 上的 ROM 芯片

串口 ROM 芯片如图 3-60 所示。

图 3-60　串口 ROM 芯片

3）硬盘 ROM 芯片的引脚定义

ROM 芯片的特征和引脚如图 3-61 所示。

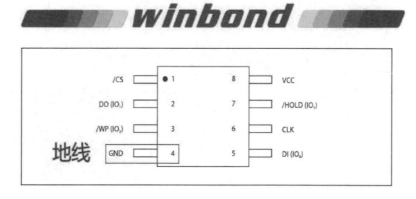

图 3-61　ROM 芯片的特征和引脚

ROM 芯片是 8 脚芯片，8 脚中只有一个为地线（可用万用表测试），老式硬盘采用的是并口 ROM 芯片（40 针引脚），如图 3-62 所示。

图 3-62   M29 字样标识的串口 ROM

 知识链接

意法半导体（ST）集团于 1988 年 6 月成立，是由意大利的 SGS 微电子公司和法国的 Thomson 半导体公司合并而成的。1998 年 5 月，SGS-Thomson Microelectronics 将公司名称改为意法半导体有限公司。意法半导体是世界上最大的半导体公司之一。

2．备件 PCB 选配标准

1）西数硬盘 PCB 参照标准

（1）PCB 号相同。

（2）ROM 需要互换。

西数硬盘 PCB 如图 3-63 所示。

2）希捷硬盘 PCB 参照标准

（1）PCB 号相同。

（2）ROM 需要互换。

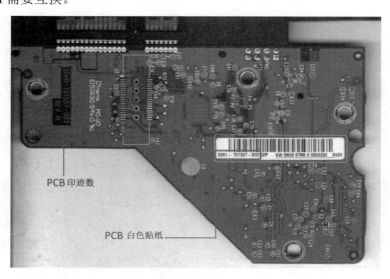

图 3-63   西数硬盘 PCB 号

希捷硬盘 PCB 如图 3-64 所示。

3）东芝硬盘 PCB 参照标准

（1）PCB 号相同。

（2）ROM 需要互换。

东芝硬盘 PCB 如图 3-65 所示。

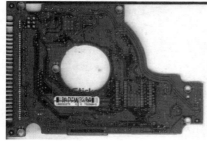

图 3-64　希捷硬盘 PCB

图 3-65　东芝硬盘 PCB

4）日立硬盘 PCB 参照标准

（1）PCB 白色贴纸前两行相同。

（2）NV-RAM 需要互换。

日立硬盘 PCB 如图 3-66 所示。

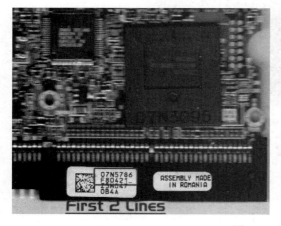
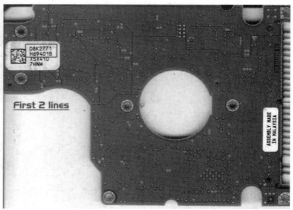

图 3-66　日立硬盘 PCB

5）三星硬盘 PCB 参照标准

（1）Model 号相同。

（2）PCB 印迹数相同。

（3）Firmware（固件）版本相同。

三星硬盘 PCB 如图 3-67 所示。

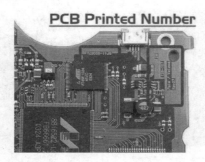

图 3-67　三星硬盘 PCB

6）迈拓硬盘 PCB 参照标准

（1）Model 号相同。

（2）Code 相同。

（3）Controller version（控制芯片版本）相同。

迈拓硬盘 PCB 如图 3-68 所示。

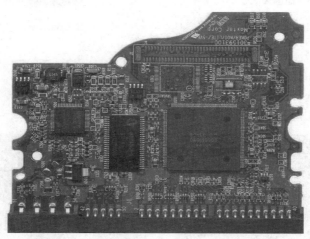

图 3-68　迈拓硬盘 PCB

7）富士通硬盘 PCB 参照标准

（1）PCB Printed Number 相同。

（2）ROM 需要更换。

富士通硬盘 PCB 如图 3-69 所示。

图 3-69　富士通硬盘 PCB

8）昆腾硬盘 PCB 参照标准

（1）Model 号相同。

（2）GTLA 相同。

昆腾硬盘 PCB 如图 3-70 所示。

图 3-70　昆腾硬盘 PCB

知识拓展

硬盘 PCB 电路上的芯片

（1）硬盘主控芯片，如图 3-71 所示。

图 3-71　主控芯片（硬盘 CPU）

（2）硬盘 RAM 芯片（即缓存芯片），如图 3-72 所示。

图 3-72　缓存芯片

（3）硬盘电动机驱动芯片，如图 3-73 所示。

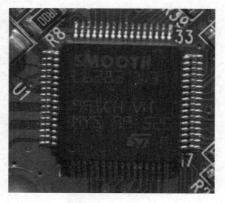

图 3-73　硬盘电动机驱动芯片

子任务 2　更换 PCB 中的 ROM 芯片

任务描述

某单位员工台式机上的一块 3.5 英寸的硬盘，由于异常断电，导致硬盘 PCB 上重要电子元器件烧坏了，硬盘中的数据无法正常访问。重启计算机后，硬盘没有任何反应，无法被计算机识别，操作系统无法加载，其中存有大量的重要数据，客户要求尽量将其恢复出来。烧坏的硬盘 PCB，如图 3-74 所示。

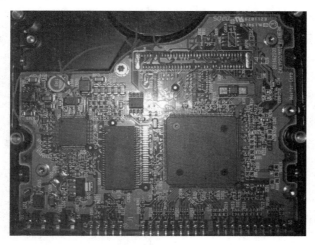

图 3-74　烧坏的 PCB

任务分析

在本任务的子任务 1 中主要讲解了 PCB 备件的选择方法。不同品牌的硬盘，有着不同的选配标准，当确定好选择备件硬盘的标准后，即可到网上商城或者电子市场寻找对应备件硬盘。当购买到适配的备件 PCB 后，下一步要做的就是把源盘的 ROM 芯片利用工具卸载下来，再焊接到备件盘的 PCB 上，最后把替换 ROM 后的备件 PCB 安装到故障硬盘上，这样就做到了无论是在 PCB 结构上还是在 ROM 芯片的内容上都做到了和故障硬盘完全一样。把硬盘连接到电脑上，即可顺理成章地访问硬盘中的数据。

任务实施

第一步：准备一台热风拆焊台，如图 3-75 所示。

图 3-75　热风拆焊台

第二步：正确识别 PCB 中的 ROM 芯片，如图 3-76 所示。

第三步：用热风枪分别把故障硬盘和备件硬盘上的 ROM 芯片取下来，如图 3-77 所示。

图 3-76　ROM 芯片

图 3-77　取下 ROM 芯片

第四步：把故障硬盘的 ROM 芯片焊接到备件硬盘的 PCB 上，如图 3-78 所示。

图 3-78　回焊 ROM 芯片

第五步：把更换 ROM 后的备件硬盘的 PCB 安装到故障硬盘上。

第六步：把故障硬盘连接到电脑上，进行数据的读取。

 **任务验收**

把修复后的故障硬盘连接到计算机上，硬盘能够正常被计算机识别，硬盘分区中的数据可以正常访问，文件也都能正常打开，客户所要的数据全部能读取，数据恢复成功。

知识拓展

在不同品牌的硬盘中，日立硬盘有着独特的特性，其 PCB 上不仅有 ROM 芯片，还有 NV-RAM 芯片，在更换 PCB 时，不仅需要互换 ROM 芯片，还需要互换 NV-RAM 芯片，这是处理日立品牌硬盘的独特方法，如图 3-79 所示。

日立硬盘 NV-RAM 的特点：与 ROM 芯片结构相同，也是八脚芯片。

NV-RAM 芯片标签上常见字样有 S93C56、S93C5、S93C66、Lc66、L76R、RI76、S93C75W6、S93C76、S93C 等。

 知识链接

非易失性随机访问存储器（Non-Volatile Random Access Memory，NV-RAM）是断电后仍能保有数据的一种 RAM。

图 3-80 日立硬盘 ROM 芯片和 NV-RAM 芯片

单 元 总 结

　　本单元旨在使学生掌握硬盘物理类故障的判断方法及解决方案。通过本单元的学习，学生基本掌握了坏道硬盘的检测方法和坏道硬盘的数据恢复方法；硬盘 PCB 的结构、PCB 上各个元器件的名称及功能，了解了 ROM 芯片中的数据内容以及其在硬盘中所承担的角色；在更换 ROM 芯片的过程中，掌握用热风枪焊接元器件的方法，逐步掌握解决由 PCB 损坏而导致硬盘数据丢失的物理故障；在实际的故障案例中，绝大部分的开盘恢复案例基本上要更换磁头组件，在某些情况下，也需要进行开盘恢复，如硬盘主轴电动机损坏、磁头卡盘片等，此类故障相对于更换磁头组件而言容易得多，学生可以在老师的指点下，进行此类故障恢复的练习。

服务器 RAID 数据恢复

☆ 单元概要

服务器 RAID 数据恢复是本单元学习的重点，RAID 的各种类型在本单元中都会有所体现，但 RAID 重组与恢复知识的讲解以 RAID 5 类型为样本，因为 RAID 5 是当前存储领域中最为流行的一种级别，因其数据访问速度快、数据具备容灾能力等被大量应用于存储介质中。学会分析 RAID 5 类型的方法与思路，也就学会了分析其他 RAID 类型的方法，因此，RAID 5 类型是本单元中的重要任务与核心所在。

任务 服务器 *RAID* 磁盘阵列的恢复

 任务描述

配套资源

某公司 IBM 服务器阵列存储柜共由三款 SAS 接口的硬盘组成，由于该服务器投入运行的时间过长，管理员又疏于管理，造成两块硬盘存在坏扇区而同时告警，从而导致该阵列无法正常工作，影响了公司正常的工作流程。该公司要求尽快把存储在该阵列柜上的重要数据恢复出来，使该公司由于阵列柜异常而中断的工作流程恢复正常。

服务器 RAID 阵列柜具体信息

➢ RAID 级别：RAID5。
➢ 硬盘数量：三块硬盘。
➢ 硬盘接口类型：SAS。
➢ 操作系统类型：Windows Server 2008。
➢ 分区类型：NTFS。
➢ 所存数据类型：办公文档与 SQL Server 数据库。

任务分析

在对该任务分析之前，有必要先了解一下 RAID 的相关知识。

磁盘阵列（Redundant Arrays of Inexpensive Disks, RAID）有"价格便宜、具有冗余能力的磁盘阵列"之意，多个单独的硬盘组成 RAID 阵列，其优点是不仅具备扩充磁盘容量的作用，还加快了数据存储与访问的速度，以及利用阵列中冗余磁盘来增强阵列的容灾能力，从而起到数据保护的作用。鉴于 RAID 具备访问速度快、容量大、数据容灾能力强的优点，造就了 RAID 在当今存储介质中无法替代的作用，图 4-1 所示为一个常见的 RAID 阵列柜。

图 4-1　RAID 磁盘阵列柜

依据数据与校验信息的不同排列组合方式, RAID 结构可以划分为很多类型, 常见的 RAID 类型有 RAID 0、RAID 1、RAID 2、RAID 3、RAID 4、RAID 5、RAID 6、RAID 10、RAID 5E、RAID 5EE、HP 双循环、HP ADG 以及 JBOD。在众多的 RAID 类型中, RAID 0 与 RAID 5 是最为流行的, 而其中的 RAID 5E 和 RAID 5EE 是 IBM 服务器所专有的, HP ADG 和 HP 双循环结构是惠普服务器所特有的。

1. RAID 0 阵列结构

RAID 0 阵列数据结构, 如图 4-2 所示。

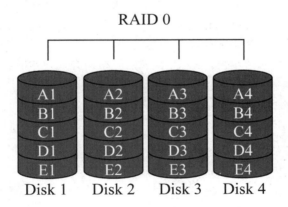

图 4-2　RAID 0 阵列结构

其中: 图 4-2 中 A1、A2、A3、A4、B1 等为数据块, 假如一个文件大小为 512KB, 阵列数据块大小为 64KB (大小可自定义), 那么该文件共包含 512/64=8 个 RAID 阵列块, 所有该文件的 512KB 数据分散存储在四块硬盘上, 由 A1、A2、A3、A4、B1、B2、B3、B4 八个数据块组成。

RAID 0 有以下几个特点: 组成 RAID 0 阵列至少需要 2 块独立的硬盘; 数据可以并行存储与访问, 比起单盘存储运行速度更快; 由于没有多余的硬盘存储校验信息, 因此没有容灾能力, 换言之, 该阵列中如有一块盘损坏, 则该阵列中的数据会无法重新恢复。

2. RAID 5 阵列结构

RAID 5 阵列数据结构如图 4-3 所示。

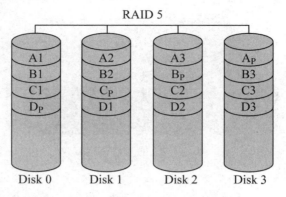

图 4-3　RAID 5 阵列结构

其中：A1、A2、A3、B1、B2、B3 等为数据块，而 A_p、B_p、C_p、D_p 为校验信息块。校验信息采用了数学逻辑运算中的 Xor（异或）算法，即第一个条带上的校验信息由第一个条带上所有数据块异或运算产生，A1 Xor A2 Xor A3 = A_p，B1 Xor B2 Xor B3 = B_p，以此类推其他校验位信息，校验信息块循环处于不同的独立硬盘中，从而避免了如 RAID 4 阵列一样由一块专属硬盘做校验信息存储而造成该阵列负载不均衡的缺点。

RAID 5 阵列有以下几个特点：至少需要三块独立硬盘；数据可并行访问，因而硬盘访问速度较独立硬盘运行速度快；阵列存有校验信息，因此具备容灾能力，在一块硬盘彻底损坏的情况下，可以利用剩余的硬盘完整恢复丢失的数据。

根据校验信息旋转方式的不同，RAID 5 常见的结构有以下四种。

① 左同步，如图 4-4 所示。

② 左异步，如图 4-5 所示。

③ 右同步，如图 4-6 所示。

④ 右异步，如图 4-7 所示。

	A	B	C	D
1	1	2	3	PD
2	5	6	PD	4
3	9	PD	7	8
4	PD	10	11	12

图 4-4　左同步

	A	B	C	D
1	1	2	3	PD
2	4	5	PD	6
3	7	PD	8	9
4	PD	10	11	12

图 4-5　左异步

	A	B	C	D
1	PD	1	2	3
2	6	PD	4	5
3	8	9	PD	7
4	10	11	12	PD

图 4-6　右同步

	A	B	C	D
1	PD	1	2	3
2	4	PD	5	6
3	7	8	PD	9
4	10	11	12	PD

图 4-7　右异步

　　了解了以上基础知识后，开始分析该 RAID 5 故障案例。此 RAID 5 阵列由三块独立硬盘组成，目前有两块硬盘告警，造成阵列停止工作。由上述基础知识可知：RAID 5 在损坏一块硬盘的情况下，可以照常工作，数据也可以在缺少一块硬盘的情况下进行 RAID 重组与恢复，如果同时有两块硬盘出现异常，该阵列就无法正常运转了。损坏的两块硬盘，必须至少修复好其中的一块，否则数据无法成功恢复。依据 RAID 5 结构的特点，首先要做的就是对两个告警的硬盘进行检测。如果仅仅是由于硬盘存在坏扇区而引起的故障，解决此类问题就简单多了，可以通过本书前几个单元中的坏道硬盘数据恢复方法来恢复硬盘中的原有数据；如果硬盘故障是由磁头损坏而造成的，可以利用本书前面几个单元中的开盘数据恢复方法来解决。其要达到的目标是至少成功恢复其中的一块硬盘，从而满足重组与恢复 RAID 5 阵列的条件。

制定解决方案

　　故障案例解决方案步骤如下。

　　（1）检测硬盘，找出故障具体原因。

　　（2）如果是坏扇区故障，则通过做镜像的方法来解决。

　　（3）如果是坏磁头故障，则通过硬盘开盘恢复的方法来解决。

　　（4）使用 Runtime Explorer for NTFS 分析软件，分析出重组 RAID 5 阵列所需的以下三个参数。

　　① 盘序。

　　② 数据块大小。

　　③ 校验信息旋转方向。

　　（5）利用 R-Studio 或 WinHex 虚拟重组 RAID 5 阵列，填写步骤（4）所得到的具体参数，最终恢复出 RAID 5 中的数据。

　　在以上五个步骤中，前三个步骤在前面单元中都已经讲述过，这里不再进行具体的讲解，本任务把步骤（4）作为重点，这是恢复 RAID 5 数据的关键环节，也是技术的核心所在。

任务实施

　　（1）用 PC3000 检测两块硬盘，得出结果，两块硬盘都存在不同程度的坏道。

　　（2）用 PC3000 或者 WinHex 对两块故障硬盘做镜像操作。

　　（3）分析 RAID 5 的三个重要参数。

1. 块大小分析

　　根据客户提供的信息和对镜像盘数据结构的分析，确认该阵列所采用的文件系统类型为NTFS。根据以前单元 NTFS 文件系统相关知识的学习，由 NTFS 文件系统元数据$MFT 表记录项编号连续性的特点，推导出 RAID 5 阵列的数据块大小。在对$MFT 表记录底层结构分析方面，Runtime Explorer for NTFS 软件具备结构模板清楚的特点，是分析 NTFS 文件系统中

RAID 5 阵列的首选。图 4-8 所示为$MFT 表记录项在软件 Runtime Explorer for NTFS 中看到的清晰结构，在这一点上，要比套用 WinHex 相关模板更合适。

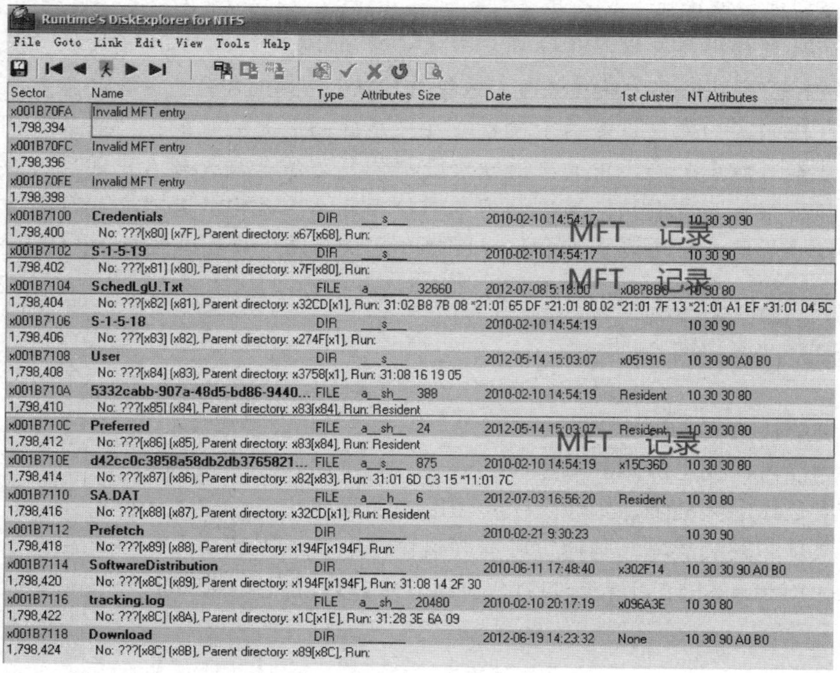

图 4-8　$MFT 表项

正常$MFT 表项编号是连续性的，如图 4-9 所示。

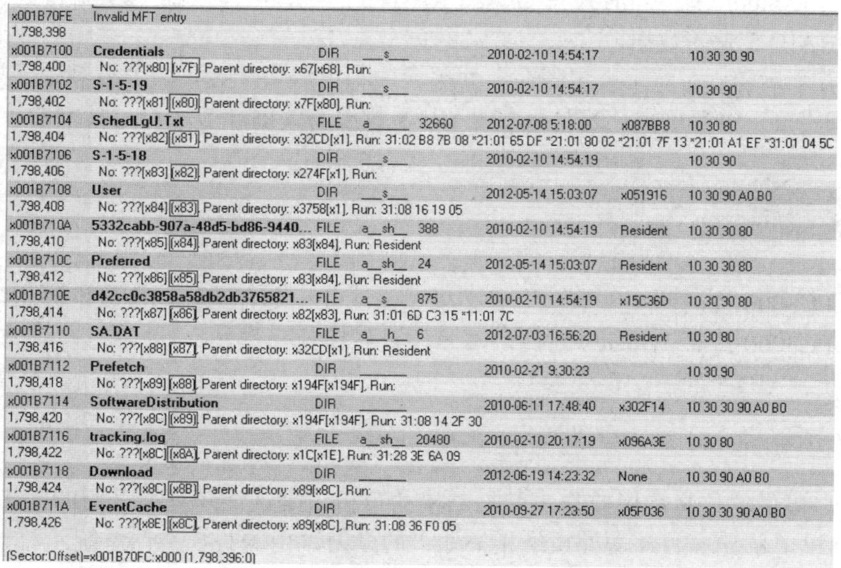

图 4-9　$MFT 表项编号连续

正常的$MFT 表项编号是连续的，但由于该$MFT 表本身数据量很大，一般情况下远远大于 RAID 阵列的块大小，因此该表会分散到 RAID 阵列中不同的硬盘上，从而造成同一块硬盘上的$MFT 表项编号不连续，编号在块与块之间出现断码断层现象，如图 4-10 所示。$MFT 编号 xBE（x 代表后边的数字是十六进制形式的）的下一个编号应该是 xBF，而此时却是 x13F，其不连续的原因是下一个数据块（包含 xBF 记录项）在另一块硬盘上，不在此硬盘上。

图 4-10　$MFT 表项编号断层现象

在 RAID 5 阵列中所包含的全部硬盘中，同一个位置所对应的信息块中，必有一个是校验信息块，在本案例中校验信息块如图 4-11 所示。校验信息块以十六进制底层数据展示，如图 4-12 和图 4-13 所示。

图 4-11　校验信息块

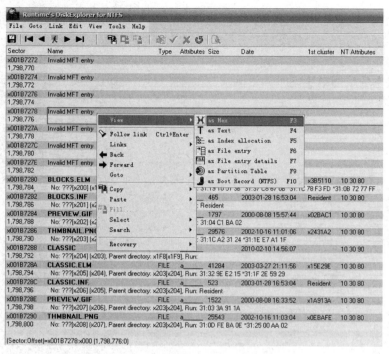

图 4-12　校验信息十六进制形式打开

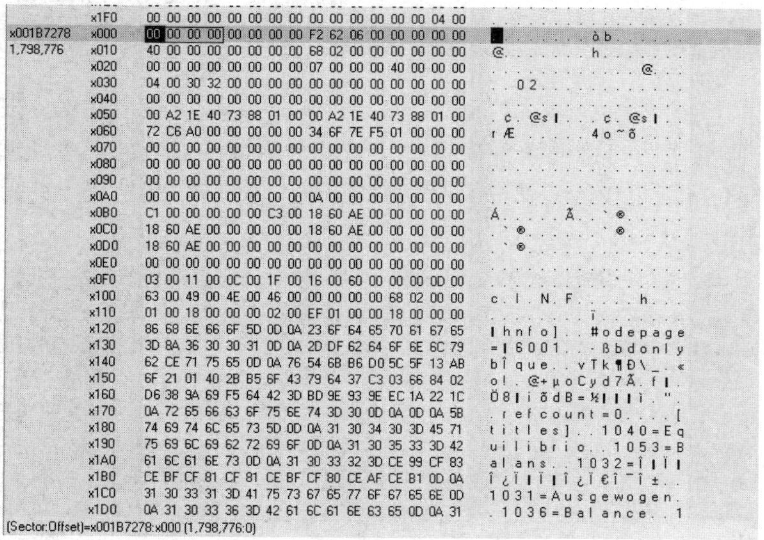

图 4-13　十六进制展示内容

根据前几个单元相关内容的学习可知，每个$MFT 表记录通常由两个扇区组成。该结构是由 46 49 4C 45 四个字节内容开始的，所对应的 ASCII 码值为 FILE。又因为 RAID 5 校验信息采用异或算法，本案例 RAID 5 阵列由三块硬盘构成，因此$MFT 表项所对应的校验信息 $A_p=A1\ Xor\ A2$，前四个字节的内容为 A_p=46 49 4C 45 Xor 46 49 4C 45=00 00 00 00，该运算所得到的结构就是图 4-13 所展示的内容。

　　了解了以上描述的特点，可以很容易找出 RAID 5 阵列数据块的具体大小，通常有以下两种方法。

　　（1）根据 MFT 记录的连续性特点，可以找出在两个序号断点之间的数据块，数据块的大小就是块大小。

　　（2）找出校验块（两个数据带之间的部分），校验块的大小即是块大小（推荐使用这种方法）。

　　使用以上两种方法中的任何一种，借助 Runtime Explorer for NTFS 很容易得出该 RAID 5 阵列的块大小。

2．盘序

　　在得知 RAID 5 阵列块大小之后，下一个应该分析的参数是盘序，该阵列块大小为 128 扇区，即 64KB。RAID 5 结构有四种方式，为了使问题简单化，索性把 RAID 5 中的异步与同步合并在一起，这样四种结构就简化成两种结构，即左结构和右结构，如图 4-14 所示。

　　根据图 4-13 的结构做个假设，如果确定第 300 扇区是校验信息扇区，那么它可能在 2 号盘吗？答案是不可能，因为无论 2 号盘属于上述两种结构中的哪一种，校验信息只可能位于第 128 扇区～第 256 扇区。

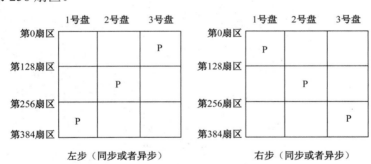

图 4-14　RAID 5 左右结构

在此 RAID 5 案例中，经过缜密的分析与判断，可以完全确信以下事实。

（1）镜像 1 中第 1798770 扇区为校验信息扇区。

（2）镜像 2 中第 1799016 扇区为校验信息扇区。

（3）镜像 3 中第 1799184 扇区为校验信息扇区。

　　根据图 4-14 可以得知，该 RAID 5 阵列每 384 扇区循环一次，那么第 1798770 扇区如何转换成等效于图 4-14 所示的效果呢？答案是采用数学中的求余运算。经过求余运算后，上述结果转换如下。

（1）镜像 1：1798770 Mod 384（每 384 个扇区循环一次）=114。

（2）镜像 2：1799016 Mod 384（每 384 个扇区循环一次）=360。

（3）镜像 3：1799184 Mod 384（每 384 个扇区循环一次）=144。

　　经过转换后，依照简化后的 RAID 5 结构，可以做出以下假设。

（1）如果该 RAID 5 阵列属于左步结构，如图 4-15 所示，那么依据上述求余运算的结果，再结合 RAID 5 左步结构的特点，可以很容易得出以下结论。

图 4-15　左步结构

① 镜像 1 对应 3 号盘。
② 镜像 2 对应 1 号盘。
③ 镜像 3 对应 2 号盘。

（2）如果该 RAID 5 阵列属于右步结构，如图 4-16 所示，那么依据上述求余运算的结果，再结合 RAID 5 右步结构的特点，可以得出以下结论。

图 4-16　右步结构

① 镜像 1 对应 1 号盘。
② 镜像 2 对应 3 号盘。
③ 镜像 3 对应 2 号盘。

现在盘序出现了两种情况，最终是哪种情况呢？

a．假如是左步结构，MBR 应该出现在 1 号盘上（对应镜像 2）。

使用 Runtime Explorer for NTFS 软件跳转到镜像 2 的第一个扇区上，采用十六进制的形式对扇区数据进行展示，结果如图 4-17 所示。

结论：此扇区正是 MBR 的结构，因此这种假设是正确的。为确保万无一失，再假设另一种情况。

b．假如是右步结构，MBR 应该出现在 2 号盘上（对应镜像 3）。

跳转到镜像 3 的第一个扇区上，如图 4-18 所示。

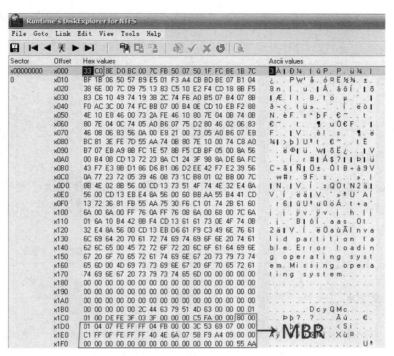

图 4-17　镜像 2 第 0 扇区

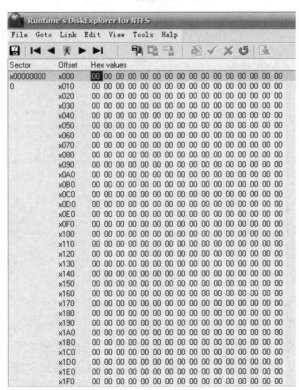

图 4-18　镜像 3 第 0 扇区

结论：此结构不是 MBR 结构，因此第一种假设是正确的。

经过上述推理，目前已经得出该 RAID 5 阵列的正确盘序，结果如下。

➢ 镜像 1 对应 3 号盘。

➢ 镜像 2 对应 1 号盘。

➢ 镜像 3 对应 2 号盘。

其属于左步结构（图 4-15）。至此，完成了对 RAID 5 阵列的第二个参数——盘序的分析。

3. 校验信息旋转方向

目前，该 RAID 5 阵列结构属于左步结构，三个独立硬盘的盘序也已经确定，剩下的问题就是，左步结构包含两种形式，该阵列 RAID 5 最终属于哪种形式？左同步还是左异步？如图 4-19 所示。

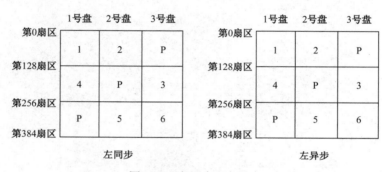

图 4-19 左同步和左异步

仔细观察左同步与左异步的结构，找出两者之间的不同点，如图 4-20 所示，蓝色标记处就是两者的重大区别所在。

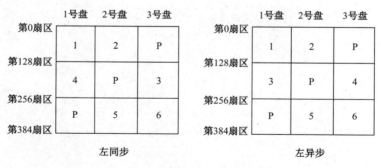

图 4-20 左同步与左异步的区别

仔细观察与分析图 4-20 所示的结构，可以找出两者的不同之处。目前已经完全确定了该 RAID 5 的正确盘序，找到 3 号盘所对应的镜像文件，利用 Runtime Explorer for NTFS 软件，根据$MFT 记录项的特点，找到两个$MFT 记录数据带之间的校验块和紧邻校验块结束位置的第一个$MFT 表项编号。如果该编号与 2 号盘同位置的上一条记录编号相连接，那么属于左同步，否则就是左异步。有了这个思路，下面就跳转到 3 号盘上图 4-20 的标记位置，如图 4-21

所示。

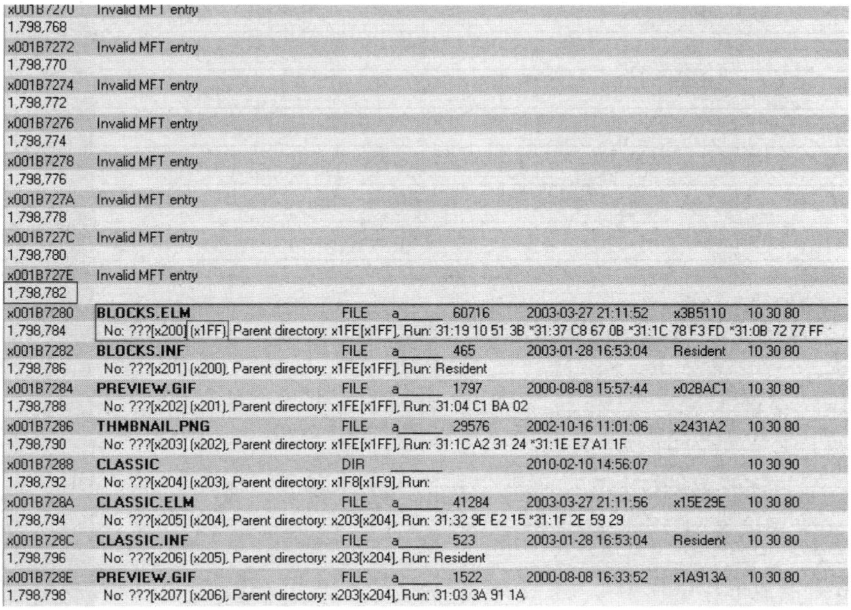

图 4-21　3 号盘标记位置

标记位置$MFT 表项编号为 X1FF，那么它的上一个编号应该是 X1FE。根据上述分析，跳转到同位置的 2 号盘所对应的镜像文件，查看该位置的上一条记录编号，如图 4-22 所示。

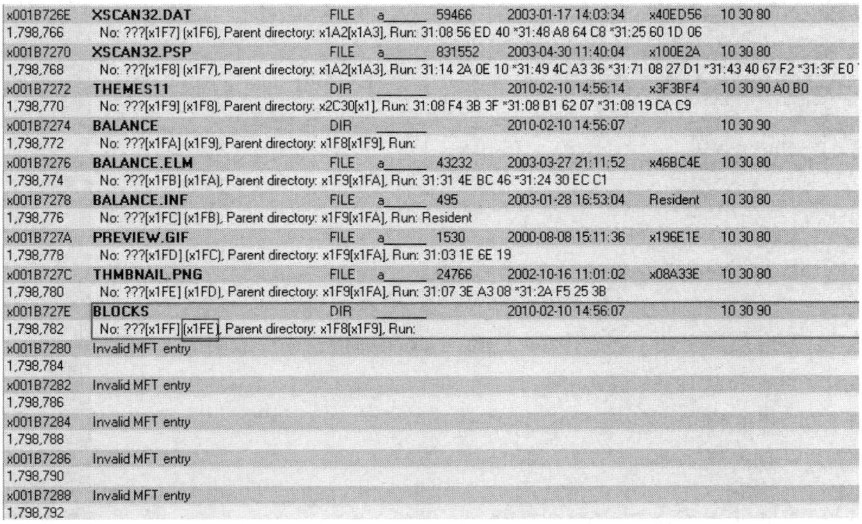

图 4-22　2 号盘同位置上一条记录

此处$MFT 表项编号果然是$1FE，就说明该 RAID 5 阵列第三个重要参数——校验信息旋转方向应该为左同步，如图 4-23 所示。

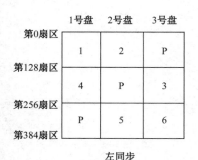

图 4-23　RAID 5 左同步

该 RAID 5 最终的三个重要参数结果如下。

➢　块大小：128 sectors=64KB。

➢　盘序：镜像 1 对应 3 号盘；镜像 2 对应 1 号盘；镜像 3 对应 2 号盘。

➢　校验信息旋转方向：左同步。

至此，重组与恢复 RAID 5 阵列所需要的三个重要参数都找到了，下一步是如何利用适当的软件重组与恢复该 RAID 5 中的数据。

4．重组与恢复 RAID 5

虚拟重组与恢复 RAID 5 阵列的软件有很多，如 R-Studio、WinHex、UFS Explorer 等，下面就以 R-Studio 为例进行说明，其重要操作步骤如下。

（1）选择工具栏中的"Create Virtual RAID"选项，如图 4-24 所示。

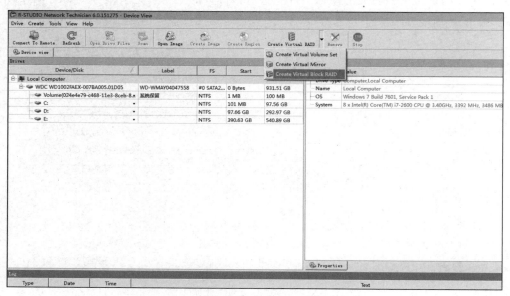

图 4-24　R-Studio 虚拟重组 RAID 5

（2）把该 RAID 5 阵列中硬盘所对应的镜像文件添加到虚拟阵列中，如图 4-25 所示。

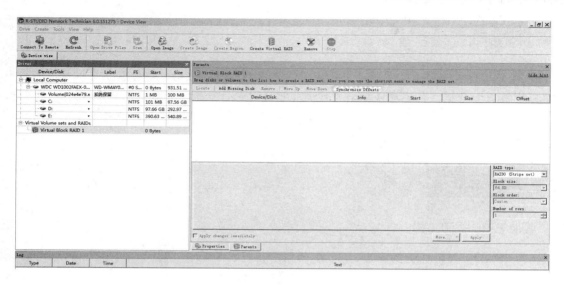

图 4-25 添加镜像到虚拟陈列中

（3）根据分析出的三个重要参数，正确地配置相关参数，如图 4-26 所示。

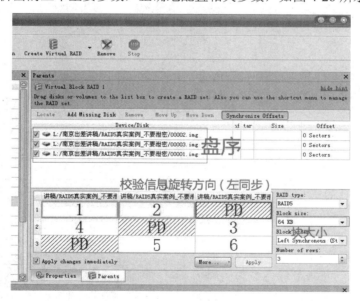

图 4-26 配置参数

（4）配置好参数后，单击"Apply"按钮。在 R-Studio 的左侧相应位置，可以看到该 RAID 5 阵列所包含的所有分区。逐一打开各个分区，进行数据恢复，此过程在前面单元中有详细的说明，此处不再赘述。

至此，该 RAID 5 恢复方法与过程结束。

任务验收

与客户所要求恢复的文件逐一进行校对，客户要恢复的数据大部分能正常打开，恢复出90%以上的重要数据，客户对恢复出的数据非常认可。有一小部分数据无法正常打开或恢复，主要在于这部分数据所在的位置属于坏道区，因此没有正常恢复出来，或者恢复出来的不够完整，造成文件打开后出现乱码的现象。

知识拓展

其他 RAID 类型结构

（1）RAID 1 类型结构如图 4-27 所示，RAID 1 又称 Mirror（镜子）RAID。

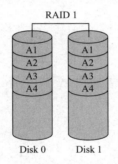

图 4-27　RAID 1 结构

（2）RAID 10 又称 RAID 1+0，如图 4-28 所示。

（3）RAID 1E（E 代表 Enhanced）类型结构如图 4-29 所示。

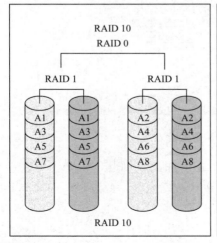
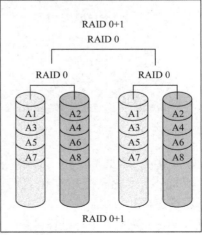

图 4-28　RAID 10 结构

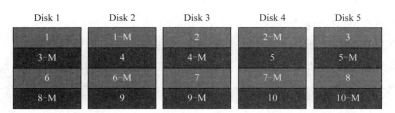

图 4-29 RAID 1E 结构

（4）RAID 2 结构如图 4-30 所示。

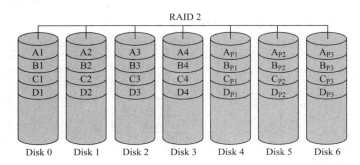

图 4-30 RAID 2 结构

（5）RAID 3 结构如图 4-31 所示。

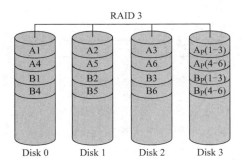

图 4-31 RAID 3 结构

（6）RAID 4 结构如图 4-32 所示。

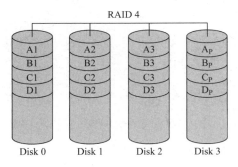

图 4-32 RAID 4 结构

（7）RAID 5E（IBM 服务器特有）结构如图 4-33 所示。

（8）RAID 5EE（IBM 服务器特有）结构如图 4-34 所示。

	A	B	C	D
1	1	2	3	PD
2	5	6	PD	4
3	9	PD	7	8
4	PD	10	11	12
5	SP	SP	SP	SP

图 4-33　RAID 5E 结构

	A	B	C	D
1	PD	1	2	SP
2	SP	PD	3	4
3	6	SP	PD	5
4	7	8	SP	PD

图 4-34　RAID 5EE 结构

（9）HP 双循环（HP 服务器特有）如图 4-35 所示。

Disk 0	Disk 1	Disk 2
1	2	Parity
3	4	Parity
5	6	Parity
7	8	Parity
9	Parity	10
11	Parity	12
13	Parity	14
15	Parity	16
Parity	17	18
Parity	19	20
Parity	21	22
Parity	23	24

Delay = 4

图 4-35　HP 双循环结构

补充说明：HP 双循环结构可以看做 RAID 4+RAID 5，大块之间采用 RAID 5 结构，大块内部小块之间采用 RAID 4 结构，一般情况下校验延迟（Delay）参数为 16，如果该阵列前面有保留信息，则通常是 1088 扇区，校验信息旋转方式为左异步。

（10）RAID 6 结构如图 4-36 所示。

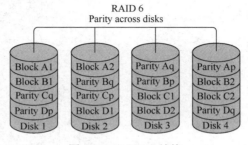

RAID 6
Parity across disks

Block A1	Block A2	Parity Aq	Parity Ap
Block B1	Parity Bq	Parity Bp	Block B2
Parity Cq	Parity Cp	Block C1	Block C2
Parity Dp	Block D1	Block D2	Parity Dq
Disk 1	Disk 2	Disk 3	Disk 4

图 4-36　RAID 6 结构

（11）JBOD（Just a Bunch Of Disks）结构如图 4-37 所示。

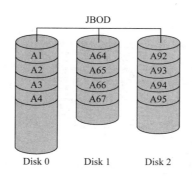

图 4-37　JBOD 结构

（12）直接附加存储（Direct-Attached Storage，DAS）结构如图 4-38 所示。

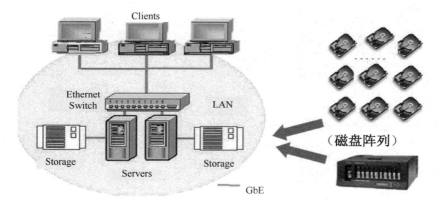

图 4-38　DAS 结构

（13）网络附加存储（Network Attached Storage，NAS）结构如图 4-39 所示。

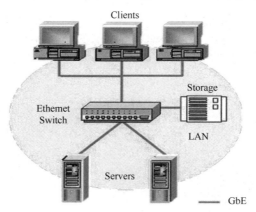

图 4-39　NAS 结构

（14）存储区域网（Storage Area Network，SAN）结构如图 4-40 所示。

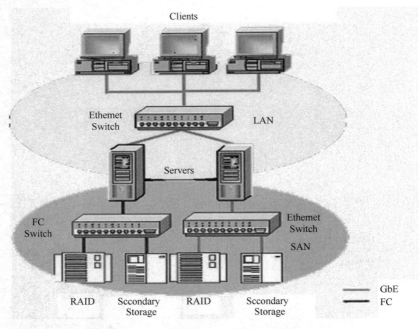

图 4-40　SAN 结构

单 元 总 结

　　通过本单元的学习，使学生能够从理论与实践上掌握当前最为流行的存储方式——RAID 的恢复方法。在掌握 RAID 恢复方法的同时，对存储介质中 RAID 架构、性能、安全等方面有较为深入的了解。在众多的 RAID 类型中，RAID 5 具备访问速度快、数据容灾的能力，本单元的重点在于掌握 RAID 5 三个参数的分析方法以及使用 R-Studio 重组与恢复 RAID 5。掌握了 RAID 5 重组与恢复的方法，也就基本掌握了服务器 RAID 的恢复方法。

硬盘维修

单元 5

☆ 单元概要

随着硬盘使用时间的增加，硬盘难免会出现坏道或者固件故障。通过以上几个单元的学习，学生已经掌握了对存在坏道的硬盘进行数据恢复的方法。但是，恢复数据不等于修好硬盘。存在坏道或者固件故障的硬盘一般情况下是无法再继续正常使用的。而通过本单元的学习，学生可以掌握硬盘维修的方法和技巧。

任务 处理日立硬盘逻辑坏道

任务描述

现有一块日立硬盘，已做过初检，结果为存在坏道且按照客户要求已经将数据恢复完毕。现客户咨询能否可以将硬盘维修好以便继续使用。

任务分析

硬盘维修不考虑数据恢复的问题，需对硬盘再次确认以下问题。

（1）判断硬盘的坏道类型及大致坏道量。

（2）判断是否存在磁头损坏现象。

可通过专业的硬盘检测工具对硬盘进行逻辑扫描测试，可以使用硬盘初检时所使用的PC3000 或者 MHDD 等检测工具。如果硬盘存在逻辑坏道，则可用对硬盘进行低级格式化或者扇区擦除的方式从新生成硬盘译码器实现逻辑坏道的修复；如果硬盘存在物理坏道，则需要对硬盘固件结构有着非常透彻的了解，将物理坏道地址 ID 写入硬盘固件内的缺陷列表中，以实现对物理坏道的屏蔽。

故障硬盘型号为 HDS722580VLSA80。可以得知，它属于日立 Deskstar 系列硬盘，硬盘转速为 7200r/min，最大硬盘容量为 250GB，接口类型为 SATA，如图 5-1 所示。

图 5-1　故障硬盘

温馨提示

　　需要与客户进行二次确认，确保客户数据完整有效。因为在对硬盘进行维修的过程中，需要操作硬盘用户区，所以硬盘中的数据将遭到不可逆的破坏。

 知识准备

1. 日立硬盘的结构组成

　　驱动器固件包括三部分：ROM、NV-RAM、SA区固件，如图5-2所示。

　　固件由固件版本号和版本代码来描述。微代码不断地更新形成了不同的固件版本号，它由ASCII表示；版本代码实际上就是一个修订号，由十六进制数据表示。

　　掩膜ROM中存储的固件信息，不能被修改；而RV-RAM以及SA区的数据有一些可以被修改。IBM的研发团队采用了以下标准：当固件代码（Code）不变时，仅可以修改固件版本号（Number）。这种情况不会影响整个号码，仅仅影响到版本号码的最后两个字节。例如，固件版本"A32A"被修改，那么更新后的版本号将改变为"A3XX"，其中"XX"表示两个其他字符串。

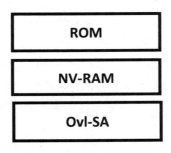

图5-2　日立硬盘的固件

2. 固件组成

1）管理模块

　　硬盘固件程序主要包括诊断程序、伺服子系统、硬盘控制器、适配参数模块、译码器、缺陷列表等。对于大多数硬盘来说，主要的模块都存放在盘片之上的SA区之内。

　　而电路板之上的ROM芯片之内存储着用来进行初始化和引导所用的程序，这和计算机主板的BIOS芯片作用相似。硬盘固件工作流程示意图如图5-3所示。

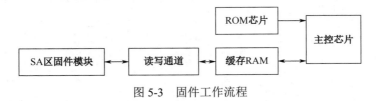

图5-3　固件工作流程

2）缺陷列表

由于生产工艺的限制、盘片材质等问题，不可能保证每张生产出的盘片没有任何缺陷。而存在缺陷的扇区，磁头将无法进行正常的读写操作。总体来看，所有硬盘都具备两个缺陷列表，即永久性缺陷列表（P-List）和增长性缺陷列表（G-list）。

其中，P-List 是由硬盘生产商在硬盘组装完成之后，对硬盘进行自检过程中生成的。SMART 机制为了提高硬盘数据的安全性而研发的。SMART 可以实时监控硬盘自身状态，并可将诊断结果发给系统。一旦 SMART 检测到当前硬盘状态不好，有些硬盘甚至可以强行停止硬盘操作，从而起到数据保护作用。

 知识链接

日立硬盘型号命名规则

日立硬盘编号分为以下三种。

第一种：此类编码方式用于日立早期硬盘中，其型号组成为 "X+XX+XX+XX+XXX"（以 Deskstar 75DXP 系列中的 DTLA-307015 为例）。

其组成部分说明如下。

第一部分："X" 表示该设备为磁盘。

第二部分：由 "XX" 两个字母组成，表示硬盘的系列号。例如，"TL" 表示 Deskstar 75GXP 或 Deskstar 40GV，"PT" 表示 Deskstar 37GP 或 Deskstar 34GXP。

第三部分：由 "X" 一个字母组成，表示硬盘的接口类型。接口类型主要有以下几种：A、S、U、C、A。其中，A 表示 ATA；S 或 U 表示 Ultra SCSI；C 表示 SSA。

第四部分："X" 表示硬盘的外形尺寸。2 表示 2.5 英寸硬盘，也就是笔记本式计算机使用的；3 表示 3.5 英寸硬盘，即桌面级或者服务器级硬盘。

第五部分：由两个数字组成，表示硬盘的转速。05 或 5 表示 5400r/min；07 或 7 表示 7200r/min。

第六部分：由三个或者四个数字组成，表示硬盘的容量，075 表示 75GB。

第二种：后期采用的编码方式，其命名规则是 IC "XX+X+XXX+XX+XX +XX+X"（以 Travelstar 40GN 系列中的 IC25N020ATCS04 为例）。

"IC" 表示 "IBM Corporation"，即 Hitachi/IBM 公司的产品。

第一部分："XX" 表示硬盘尺寸。35 表示 3.5 英寸；25 表示 2.5 英寸。

第二部分："X" 表示硬盘高度。L 表示 1 英寸；T 表示 0.49 英寸；N 表示 0.37 英寸。

第三部分："XXX" 表示硬盘容量，单位为 GB。"080" 表示容量为 80GB。

第四部分："XX" 表示硬盘接口类型。AV 表示 ATA；UW 表示 Ultra160 SCSI69-pin Whide；UC 表示 Ultra160 SCSI 80-pin SCA；XW 表示 Ultra320 SCSI 68-pin Wide；XC 表示 Ultra320 SCSI 80-pin SCA；F2 表示 FC-AL-2（2G）。

第五部分："X" 表示硬盘识别码，表示该产品系列型号，ER 表示 Deskstar 60GXPX 系列；VA 表示 Deskstar 120GXP；V2 表示 Deskstar 180GXP 系列。

第六部分："XX" 表示硬盘转速，单位是 r/min。04 表示 4200r/min；05 表示 5400r/min；07 表示 7200r/min；10 表示 10000r/min；15 表示 15000r/min。

第七部分："X"表示硬盘缓存，从 Deskstar 180GXP 系列开始使用。0 表示 2MB 缓存；1 表示 8MB 缓存。

第三种：日立 7K250 系列是继 180GXP 之后推出的新产品，其硬盘编号和早先日立硬盘相比发生了变化。其命名规则 HDS "XX+XX+XX+X+X+XX+X+X"。

HDS 表示日立的 Deskstar 系列

第一部分："XX"表示硬盘的转速，其中标识 42、54、72、10、15 在此不再过多说明，同上。

第二部分："XX"表示该系列产品的最大容量。单位为 GB，50 表示最大 500GB。

第三部分："XX"表示当前硬盘的容量。单位为 GB，25 表示当前硬盘容量为 250GB。

第四部分："X"表示硬盘的代数，如所有 7K250 系列都是字母 V。

第五部分："X"表示硬盘的高度，这里和 180GXP 系列硬盘编号一致。

第六部分："XX"表示硬盘接口类型，有 AT 和 ST，它们分别代表 Ultra ATA100 接口和 Serial ATA15 接口。

第七部分："X"表示硬盘的缓存，数字 2 和 8 分别表示 2MB 和 8MB 缓存容量。

第八部分："X"是硬盘的保留信息位，目前均为 0。

制定解决方案

对于客户报修的这块日立硬盘，经检测其存在坏道。可以使用日立官方提供的维修工具——DFT 尝试修复坏道。软件可在日立（Hitachi）官网下载。DFT 可以借助底层软件直接访问硬盘的微代码，并据此对硬盘状态进行诊断。一般来说，原厂的工具软件不但扫描速度快，而且辨别准确率很高，能够排除较为普通的缺陷故障，因此对简单的坏道来说，建议使用原厂的软件工具。如果出现原厂工具无法解决的故障，则需要借助其他专业工具进一步进行处理。原厂提供了 ISO 格式的工具，下载完毕需要刻录光盘，或者做成 U 盘启动方可使用。

任务实施

第一步：将故障硬盘连接至计算机主板之上，如图 5-4 所示。

图 5-4　连接硬盘至计算机上

将故障硬盘正确连接至主板之上。日立原厂工具对于计算机主板没有特别的要求，只要具备 SATA 数据线接口即可。

这里对硬盘电源线进行说明，对于新型硬盘，都会提供 SATA 设备专用的供电接口。但是，有些较旧的硬盘除配备了 SATA 专用电源接口之外，还配有一个"D"形供电接口，用于兼容老式供电电源。例如，此案例中客户报修的故障硬盘就具备以上两个电源供电接口。在进行电源连接之时，可二选其一进行供电，如图 5-5 所示。

第二步：使用光盘引导启动日立 DFT 原厂工具，选择 ATA，如图 5-6 所示。

图 5-5　日立硬盘供电接口

图 5-6　选择 ATA 模式

软件将自动识别 SATA 接口之上的硬盘，如图 5-7 所示。

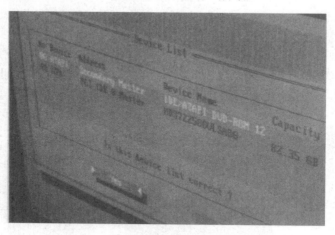

图 5-7　识别故障硬盘

第三步：正确识别硬盘型号之后，选择"Run Erase Disk"选项，等待软件运行结束。亦可先运行"Advanced Test"选项。如果硬盘处于损坏状态，软件会提示"Run Rease Disk"信息。等到软件运行结束之后，使用专业硬盘检测软件对硬盘进行检测。如果坏道消失，则可继续使用该硬盘；如果坏道依旧存在，则需要使用其他方法来解决，如图 5-8 所示。

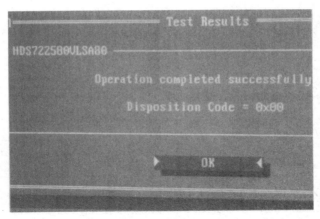

图 5-8　软件执行

 经验分享

对于有硬盘维修经验的人而言，如果发现使用 MHDD 或者其他工具扫描硬盘出现红绿坏道且无法通过使用工具将缺陷加入 G-List，则可以使用专业工具来复位（清除）SMART 相关状态。清除 SMART 之后，少量的红绿坏道便可顺利加入到 G-List 之内，实现坏道屏蔽。

 知识链接

SMART 技术的原理是监控硬盘各属性，如数据吞吐、通电时间、寻道错误率等，将属性与标准数值进行比较从而推断出硬盘当前的工作状态，帮助用户避免数据损失，起到数据保护的作用。SMART 因此指定了专门的检测参数，用户可以通过专业软件工具来查看，并可以通过这些参数来了解硬盘的"健康"状况。

以 ID 表示属性描述参数。

（1）Read erro rate：错误读取率。

（2）Through put per formance：数据吞吐量性能。

（3）Spin up time：硬盘启动重试次数。

（4）Number of times the spindle motor is activated：主轴电动机启动次数。

（5）Number of altemative sectors：重新分配扇区数。

（6）Seekerrorate：寻道错误率。

（7）Seek time performance：寻道性能。

（8）Power-ontime：通电时间。

（9）Number of retries mande to activate the spindle motor：主轴电动机激活次数。

（10）Number of power-onopower-offtimes：开关次数。

（11）Ultra ATA CRC Error Rate Ultra：数据传输出错率。

（12）Write error rate：扇区写操作出错率。

不同厂商的硬盘其属性大致相同，用户无需深入了解其具体含义，只需要知道每个 ID 对应的属性检测值的含义即可。

任务验收

评 价 内 容	评 价 标 准
硬盘维修结果	硬盘维修完毕之后，通过使用专业硬盘检测软件——MHDD 对硬盘进行逻辑扫描，扫描结果为坏道处理消失。硬盘可以继续使用一段时间
在规定时间内完成硬盘维修任务	在规定的时间内顺利完成客户委托的硬盘维修任务，从始至终严格要求合理利用时间
正确使用工具	在硬盘维修过程中，正确地使用了指定的专业工具
客户是否满意	客户检测了经过维修的硬盘，硬盘可以正常使用，且没有之前电脑死机、速度慢等现象发生，客户表示非常满意

拓展任务

使用 PC3000 UDMA 对故障日立硬盘进行工厂格式操作。

第一步：连接硬盘至 PC3000 ATA 通道之上。

第二步：正确选择硬盘家族及系列（PC3000 UDMA 会自动选择，但有些日立家族硬盘需要手动选择），如图 5-9 所示。

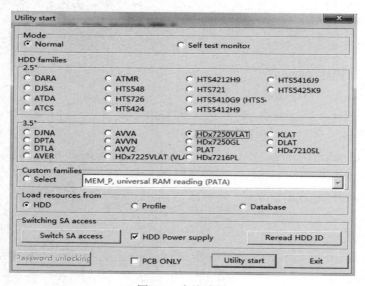

图 5-9　家族选择

进入硬盘工厂专属界面，如图 5-10 所示。

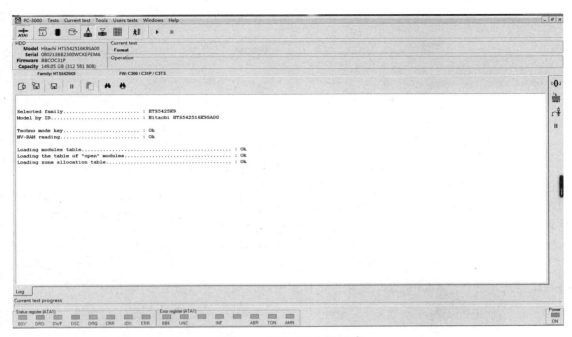

图 5-10　硬盘工厂专属界面

第三步：单击"格式化"按钮，准备对硬盘进行格式化操作，如图 5-11 所示。

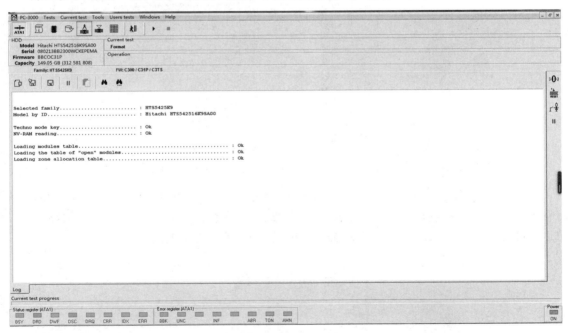

图 5-11　格式化操作

设置格式化参数，如图 5-12 所示。

日立硬盘如果存在少量坏道，则可使用 PC 3000 进入其专属模式，使用低级格式化即可起到屏蔽少量的红绿坏道的作用。

知识拓展

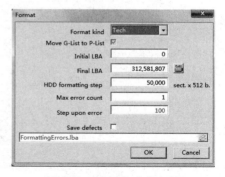

图 5-12　设置格式化参数

硬盘逻辑扫描

对于硬盘坏道,除了可以对扇区进行擦除和低级格式化之外,还可以借助 PC 3000 等专业工具,对硬盘进行逻辑扫描,如图 5-13 所示。在扫描过程中,程序会记录硬盘出现坏道的 LBA 地址,再通过工具将扫描到的缺陷地址加入到硬盘缺陷列表之中,最后对硬盘进行一次低级格式化。目的是重新生成译码器,从而实现了硬盘坏道的屏蔽。

单击"扫描"按钮,可以设置扫描范围、逻辑测试方式。其有随机读取、写入、读取三种测试方式。选择"Additional"选项卡,设置测试扫描参数,如图 5-14 所示。

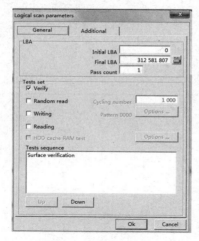

图 5-13　逻辑扫描

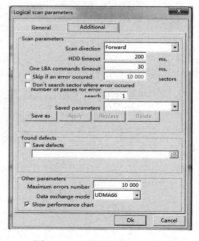

图 5-14　逻辑扫描参数设置

设置完毕后单击"OK"按钮,程序自动开始对硬盘进行逻辑测试,自动将扫描到的缺陷保存起来(需要用户设定 Save defects)。待完成逻辑测试之后,程序提示保存的缺陷去向,可以选择加入 G-List 或 P-List。将缺陷加入缺陷列表即可实现坏道的屏蔽。

单 元 总 结

通过本单元的学习,使学生初步掌握坏道硬盘的维修方法,对一些存有少量坏道的硬盘,掌握如何屏蔽其中的坏扇区,使存有坏道的硬盘能够再次被使用;同时,要掌握硬盘磁头屏蔽的方法,对于某个盘面存有大量坏道的硬盘,能够熟练掌握屏蔽磁头、切容量的方法。